THINK LIKE

ROBERT SNEDDEN

PENSA COME

EINSTEIN

ENTRA NELLA MENTE DI UN GENIO
E GUARDA IL MONDO CON I SUOI OCCHI

DEMETRA

Titolo originale: *Think Like Einstein. Step into the mind of a genius*

Testi: Robert Snedden

Per l'edizione italiana:
Traduzione: Gianmaria Patrone

www.giunti.it

Via Bolognese 165 - 50139 Firenze - Italia
Via G.B. Pirelli 30 - 20124 Milano - Italia
Prima edizione: settembre 2021
Prima ristampa: ottobre 2022

INDICE

INTRODUZIONE

CHI ERA ALBERT EINSTEIN?

"PERCHÉ NESSUNO MI CAPISCE E TUTTI MI AMANO?"
ALBERT EINSTEIN, DA UN'INTERVISTA
SUL "NEW YORK TIMES", 12 MARZO 1944

Albert Einstein rappresenta per tutti l'archetipo dello scienziato, che fuma distrattamente la pipa mentre la sua mente è occupata da problemi troppo complessi per le persone comuni. È stato un genio, e senza dubbio uno dei più grandi scienziati di tutti i tempi. Al di là di questo, però, era anche una persona capace di grande umanità. Si dice che negli anni della vecchiaia, quando viveva a Princeton, in New Jersey, fosse molto amato dai bambini, che era solito divertire facendo muovere le orecchie.

L'INFANZIA

Einstein nacque il 14 marzo 1879 a Ulm, in Germania, primogenito di una coppia ebraica, Hermann e Pauline Einstein. Pare che il giovane Albert abbia imparato tardi a parlare, cosa che fu a volte motivo di irritazione per la famiglia. A questo proposito una volta disse: "È raro che il mio pensiero prenda forma attraverso le parole. È il pensiero che mi si presenta per primo, solo dopo posso provare a tradurlo in parole". Nel giugno 1880 la famiglia si spostò a Monaco di Baviera, dove Hermann e suo fratello Jakob fondarono una fabbrica di apparecchiature elettriche. Nel novembre 1881 nacque la sorella Maja; quando la vide, il commento di Albert fu: "D'accordo, ma dove sono le ruote?".

All'età di quattro o cinque anni una malattia lo costrinse a letto e, per distrarlo un po', il padre gli regalò una bussola. Albert fu subito affascinato dallo strumento e dalle forze misteriose e invisibili che facevano girare l'ago. Più tardi disse che questo episodio lo segnò profondamente, e accese in lui la curiosità per le leggi del mondo.

Già da bambino amava risolvere rompicapi e realizzare strutture complesse col suo set da costruzione. Nel 1885 la madre, un'eccellente pianista, gli fece prendere lezioni di violino. Fu l'inizio di un amore per la musica che durò per tutta la vita, e molte volte madre e figlio suonavano insieme duetti di Mozart. Nello stesso anno cominciò le elementari in una scuola cattolica di Monaco, dove era spesso il primo della classe. Secondo un luogo comune ancora diffuso, ai tempi della scuola Einstein era scarso in matematica, ma non è vero. Quando nel 1935 gli fu riferita questa storia, il fisico tedesco scoppiò a ridere e disse di non essere mai stato bocciato in matematica; al contrario, era di solito il primo o il secondo studente più bravo della classe. "A 15 anni", disse, "avevo una perfetta padronanza del calcolo differenziale e integrale".

Albert con sua sorella Maja, circa 1886.

Nel giugno 1894 la famiglia si spostò in Italia, lasciando il sedicenne Albert a Monaco per finire gli studi, ma la nostalgia dei suoi cari lo portò alla depressione.

Riuscì a ottenere dal medico un certificato in cui risultava affetto da disturbi nervosi, e così poté lasciare la scuola e raggiungere i suoi familiari nella primavera del 1895.

LA CITTADINANZA SVIZZERA

Nell'ottobre 1895 Einstein sostenne l'esame di ammissione al Politecnico di Zurigo ma, nonostante avesse ottenuto un buon punteggio in matematica e scienze, non riuscì a superarlo. Frequentò così la Kantonsschule nella cittadina di Aarau, con l'obiettivo di ottenere il titolo necessario per entrare poi al Politecnico. Nel gennaio 1896 rinunciò alla cittadinanza tedesca e l'autunno seguente fu registrato come residente a Zurigo, dove si iscrisse al Politecnico con l'intenzione di diventare insegnante di matematica e fisica. Richiese la cittadinanza svizzera, che gli fu concessa il 21 febbraio 1901. Una volta conseguito il diploma, nel 1900 si mise alla ricerca di un impiego, candidandosi senza successo a una posizione da assistente al Politecnico e in altre università.

Nel maggio 1901 trovò finalmente lavoro come supplente in un liceo di Winterthur. A questo seguì un altro impiego a tempo determinato in un istituto privato a Schaffhausen, dove scrisse la sua tesi di dottorato sulla teoria cinetica dei gas, che fu però respinta. Nel 1902 si trasferì a Berna, nella speranza di trovare lavoro all'Ufficio Brevetti. Nel frattempo dava lezioni private di fisica e matematica. Nel gennaio 1902 Einstein ebbe una figlia, Lieserl, da Mileva Maric, sua collega di studi al Politecnico di Zurigo. L'esistenza della figlia illegittima divenne nota solo nel 1986, dopo la pubblicazione di alcune lettere private. Lieserl nacque in Ungheria, nella residenza di famiglia della Maric. Pare che Einstein non ne abbia mai parlato a nessuno e che non l'abbia neanche mai vista.

IL MATRIMONIO CON MILEVA

Il 16 giugno 1902 Einstein trovò impiego (all'inizio solo per un periodo di prova) come esperto tecnico di terza classe all'Ufficio Brevetti di Berna. Alla fine del 1902 suo padre si ammalò gravemente a Milano, e Albert partì da Berna per stargli vicino. Ormai sul letto di morte, Hermann Einstein diede finalmente la sua benedizione al matrimonio del figlio con Mileva, e i due si sposarono il 6 gennaio 1903. Nel maggio 1904 nacque Hans Albert, seguito nel luglio 1910 da Eduard.

A Einstein piaceva lavorare all'Ufficio Brevetti: svolgeva il suo lavoro con serietà, e gli rimanevano tempo ed energie per proseguire le ricerche nel campo della fisica. Anni dopo, in una lettera al suo amico Michele Besso, parlò con nostalgia dei "giorni passati in quel monastero laico, dove ho avuto le mie idee migliori e dove abbiamo passato insieme tanti momenti piacevoli".

Nell'aprile 1905 presentò all'Università di Zurigo la tesi di dottorato dal titolo: *Una nuova determinazione delle dimensioni molecolari*. La tesi, accettata a luglio, inaugurò un periodo straordinariamente fecondo per le ricerche del giovane fisico. Nessuno, né prima né dopo, ha cambiato la scienza in modo così radicale e in un periodo così breve quanto Albert Einstein nel 1905.

IL 1905: L'ANNO MIRACOLOSO

L'elenco delle pubblicazioni di Einstein in quello che è considerato il suo "anno miracoloso" è sbalorditivo:

1. ***Un punto di vista euristico sulla produzione e la trasformazione della luce***, terminato il 17 marzo. Questo articolo sui quanti di luce e l'effetto fotoelettrico, che precedette la sua tesi di dottorato, gli aprì la strada per il Nobel per la fisica.
2. ***Una nuova determinazione delle dimensioni molecolari***, completato il 30 aprile. La tesi di dottorato divenne la pubblicazione più citata nella letteratura scientifica moderna.

3. ***Sul movimento di piccole particelle sospese in un liquido stazionario secondo la teoria cinetica molecolare del calore***, presentato l'11 maggio. L'articolo di Einstein sul "moto browniano" faceva seguito al suo lavoro di tesi.
4. ***Sull'elettrodinamica dei corpi in movimento***, presentato il 30 giugno. Fu il primo articolo sulla relatività speciale.
5. ***L'inerzia di un corpo dipende dal suo contenuto di energia?***, presentato il 27 settembre. Fu il secondo articolo sulla relatività speciale, nel quale si trovava la celebre equazione $E = mc^2$.
6. ***Sulla teoria del moto browniano***, presentato il 19 dicembre. Era un approfondimento del suo articolo precedente sul moto browniano.

Nell'aprile 1906 Einstein fu promosso a esperto tecnico di seconda classe nell'Ufficio Brevetti. Nel 1907 la sua prima candidatura a una cattedra all'Università di Berna fu respinta, ma nel 1908 ebbe più fortuna e alla fine dell'anno poté dare la sua prima lezione. Deciso a dedicare la sua vita alla scienza, nell'ottobre 1909 lasciò il posto all'Ufficio Brevetti e cominciò a lavorare come professore aggiunto di fisica teoretica all'Università di Zurigo. Nel 1911 accettò una cattedra all'Università tedesca di Praga, ma dopo un anno fece ritorno in Svizzera per insegnare al Politecnico di Zurigo.

Impressionato dalle sue ricerche, il fisico Max Planck (1858-1947) gli offrì una cattedra all'Università di Berlino ma senza obbligo d'insegnamento. Questo fece di lui un membro dell'Accademia Reale Prussiana delle Scienze e direttore dell'Istituto Kaiser Wilhelm per la Fisica. Einstein si trasferì a Berlino con la famiglia nell'aprile del 1914, accettando l'offerta con grande entusiasmo.

Il suo matrimonio purtroppo fu meno fortunato della sua carriera. Nel luglio 1914, solo qualche mese dopo il trasferimento a Berlino, Mileva tornò a Zurigo con i bambini, e la coppia finì per divorziare nel febbraio 1919. Dal 1917 al 1920 Einstein ebbe problemi di salute e fu assistito da sua cugina Elsa Löwenthal, che sposò il 2 giugno 1919. Elsa aveva due figlie dal suo primo matrimonio, Ilse e Margot. Charlie Chaplin, che incontrò Elsa nel 1931, la descrisse così: "Una donna dalla corporatura squadrata e di grande vitalità; era chiaramente felice di essere la moglie del grand'uomo e non faceva nulla per nasconderlo; il suo entusiasmo faceva tenerezza".

Tra il 1909 e il 1916 Einstein lavorò assiduamente alla teoria della relatività generale e nel 1916 pubblicò: *I fondamenti della teoria della relatività generale.* Lo studio sosteneva l'importante ipotesi, avanzata dalla teoria, che la luce proveniente da una stella lontana sarebbe stata deviata dal campo di gravità di un corpo (oggetto) massivo come il Sole. L'ipotesi fu confermata nel 1919 dallo scienziato britannico Arthur Eddington, che osservò, durante un'eclissi totale, la deviazione della luce stellare nei pressi del Sole (vedi pagg. 120-123).

J.J. Thomson, presidente della Royal Society, lo definì "il risultato più importante relativo alla teoria gravitazionale dai tempi di Newton". E aggiunse: "È tra i più importanti traguardi raggiunti dall'intelletto dell'uomo".

Agli albori della Prima guerra mondiale Einstein si dichiarò pubblicamente a favore del pacifismo, causa per la quale si batté tutta la vita. Andò così incontro a una reazione ostile da parte del capo di stato maggiore del distretto militare di Berlino.

La teoria della relatività generale aveva fatto di Einstein una celebrità. Riceveva inviti e onorificenze da ogni parte del mondo, nonostante fosse anche oggetto di odio antisemita. Persino alcuni vincitori tedeschi del Premio Nobel si mostrarono ostili nei suoi confronti, dichiarandosi a favore di una "fisica germanica".

Albert fu molto impressionato dal clima politico di grande instabilità della Germania agli inizi degli anni Venti. Nel 1922 partì con Elsa per un viaggio all'estero di cinque mesi. "Ero molto contento di avere l'opportunità di assentarmi a lungo dalla Germania", disse, "che mi mise al riparo in un momento di crescente pericolo". Durante questo viaggio gli giunse la notizia della vittoria del Premio Nobel.

A partire dal 1920 l'impegno di Einstein si era rivolto alla formulazione di una teoria del campo unificato che incorporasse gravità ed elettrodinamica: fu il lavoro che lo occupò fino alla fine dei suoi giorni, ma che non riuscì a portare a termine.

In quel periodo Niels Bohr, Louis de Broglie, Werner Heisenberg, Wolfgang Pauli e altri fisici stavano gettando le basi della nuova fisica della meccanica quantistica, le cui teorie Einstein contestava apertamente.

Oggi i principi della meccanica quantistica sono riconosciuti e accettati quanto le teorie di Einstein, ma la scienza ancora non riesce a trovare un modo per conciliare gli uni con le altre.

Nel dicembre 1932 Albert ed Elsa partirono per un giro di conferenze negli Stati Uniti. In Germania nello stesso periodo i nazisti diventarono la formazione politica più forte e nel 1933 Hitler andò al potere. Einstein non fece mai più ritorno in Germania. Nel maggio 1935 partì con Elsa per le Bermuda; sarà il suo ultimo viaggio fuori dagli Stati Uniti. Poco dopo la moglie si ammalò e il 20 dicembre 1936 morì per un problema cardiaco. Nel 1939 la sorella Maja fu costretta a fuggire dall'Italia a causa delle leggi razziali di Mussolini e si stabilì vicino al fratello a Princeton, nel New Jersey.

Einstein a New York.

Con l'Europa sul piede di guerra, Einstein era convinto che gli scienziati in Germania stessero lavorando alla tecnologia della bomba atomica. Il 2 agosto 1939 scrisse una lettera al presidente Franklin D. Roosevelt per metterlo in guardia ed esortarlo a lanciare un programma nucleare americano.

Il primo ottobre 1940 Einstein divenne cittadino americano, pur mantenendo la cittadinanza svizzera.

Nell'ottobre del 1946 scrisse una lettera aperta all'Assemblea delle Nazioni Unite, propugnando la formazione di un governo mondiale: era sua convinzione che questo fosse il solo modo di assicurare una pace duratura.

Nell'agosto 1948 Mileva Maric, la prima moglie di Einstein, morì a Zurigo. In quello stesso anno, in dicembre, Einstein dovette sottoporsi a un'operazione di chirurgia addominale. Nel marzo 1950 firmò il suo testamento e fece della sua segretaria, Helen Dukas, e del dott. Otto Nathan i suoi coesecutori. Helen Dukas era stata la sua segretaria dall'aprile del 1928, e dopo la morte di Elsa assunse anche il ruolo di governante, rimanendo con Einstein fino alla sua morte.

La Dukas si dedicò con abnegazione a ordinare e catalogare gli scritti dello scienziato. È soprattutto grazie al suo lavoro che questi documenti possono essere consultati agli archivi di Albert Einstein presso l'Università Ebraica di Gerusalemme. Nel novembre 1952 il fisico ricevette l'offerta di assumere la carica onorifica di presidente di Israele, che però declinò.

L'11 aprile 1955 scrisse al filosofo Bertrand Russell dicendosi disposto ad appoggiare un manifesto rivolto a tutte le nazioni per la rinuncia alle armi nucleari. Quella stessa settimana, in un manoscritto rimasto incompiuto, Einstein scrisse la sua ultima frase: "Le passioni politiche, accese ovunque, esigono le loro vittime".

Il 15 aprile fu portato all'ospedale in preda a un forte dolore e qualche giorno dopo, il 18 aprile, morì a 76 anni, per la rottura di un aneurisma dell'aorta addominale.

In accordo con le sue volontà, i suoi resti furono cremati il giorno stesso, e le ceneri sparse due settimane dopo in una località sconosciuta.

Fino all'ultimo Einstein continuò a osservare l'universo che lo circondava con lo stesso sguardo carico di curiosità e senso di meraviglia. Una volta confidò a un amico: "Le persone come me e te non invecchiano mai. Non smettiamo mai di osservare come bambini curiosi il grande mistero nel quale siamo nati".

CAPITOLO 1

L'UNIVERSO SEGUE UN MECCANISMO PUNTUALE?

SIN DALL'ANTICHITÀ L'UOMO SI È SEMPRE SFORZATO DI CAPIRE IL FUNZIONAMENTO DELL'UNIVERSO

LA MUSICA DELLE SFERE

Platone, il grande pensatore dell'antica Grecia, nato nel 427 a.C., dichiarò che i cieli erano perfetti e che stelle e pianeti si muovevano "in traiettorie perfette lungo solidi perfetti". Credeva che queste sfere creassero musica mentre giravano, un'idea rimasta popolare per secoli.

Le sfere celesti, però, contraddicevano le osservazioni di chi studiava il cielo. C'erano stelle che si comportavano in modo non conforme e che sembravano piuttosto muoversi sullo sfondo delle altre stelle "fisse", a volte persino ripercorrendo all'indietro la loro traiettoria prima di riprendere il cammino. Queste stelle particolari erano chiamate dai Greci *asteres planetai*, ovvero "astri erranti". Noi li chiamiamo pianeti.

Nel tentativo di spiegare il moto planetario, i Greci avevano sviluppato molte teorie complesse imperniate su un sistema di sfere che si muovevano all'interno di altre sfere a loro volta racchiuse in ulteriori sfere, ognuna di queste rotante in una direzione leggermente diversa. Nel II secolo d.C: l'astronomo Tolomeo disegnò una mappa che illustrava un universo di sfere concentriche che aveva la Terra al suo centro. Questa visione rimase universalmente accettata per 1400 anni e la sua longevità dipese dal fatto che sembrava funzionare. Il sistema tolemaico riusciva infatti a predire dove localizzare i pianeti in ogni momento.

LE RIVOLUZIONI CELESTI

Nel 1543 l'astronomia si svegliò di soprassalto dal suo letargo tolemaico grazie al libro sorprendente dell'astronomo e matematico polacco Niccolò Copernico, *De revolutionibus orbium coelestium* (Sulle rivoluzioni dei corpi celesti). Nel 1507 Copernico ebbe un'idea simile a quella che aveva avuto Aristarco 1800 anni prima: se il Sole si fosse trovato al centro

Niccolò Copernico.

dell'universo, con la Terra e gli altri pianeti a orbitargli intorno, sarebbe stato possibile spiegare certi misteri del moto planetario. Marte, Giove e Saturno si sarebbero trovati così a una distanza maggiore dal Sole rispetto alla Terra, la quale, muovendosi più velocemente lungo orbite più brevi, a volte li sorpassava, facendo sì che, dal nostro punto di osservazione, sembrassero muoversi all'indietro.

Questa idea, com'era prevedibile, non fu accolta con entusiasmo, in particolare dalla Chiesa. E a quel tempo inimicarsi la Chiesa poteva avere gravi conseguenze. Il *De revolutionibus* fu pubblicato con un'introduzione (aggiunta senza l'approvazione di Copernico) che contestava la veridicità di queste idee rivoluzionarie. Nel 1616 il testo fu comunque inserito nella lista dei libri proibiti dalla Chiesa, ove rimase fino al 1835.

La conoscenza del modello copernicano si diffuse lentamente. Copernico credeva ancora in un universo fatto di

---

IN ANTICIPO SUL PROPRIO TEMPO

Intorno al 260 a.C. l'astronomo Aristarco dichiarò che il Sole, non la Terra, si trovava al centro dell'universo. Questo fatto, disse, spiegava gli spostamenti dei pianeti. Le stelle si trovavano a distanze infinite, e sembravano in movimento solo perché la Terra ruotava sotto di loro. Le idee innovative di Aristarco erano considerate dai suoi contemporanei troppo astruse e furono pertanto quasi interamente ignorate.

---

sfere perfette, ma la Terra non ne era più il centro. All'inizio del XVII secolo le minuziose osservazioni dell'astronomo tedesco Johannes Kepler (Keplero) lo portarono a una straordinaria intuizione. I percorsi dei pianeti non seguivano cerchi perfetti ma schiacciati, cioè delle ellissi. Dopo che Galileo scoprì l'esistenza delle lune di Giove, Keplero poté osservare che anche queste percorrevano delle traiettorie ellittiche intorno al pianeta gigante.

Keplero definì anche tre leggi del moto planetario, che descrivevano il movimento dei pianeti, ma non lo spiegavano. Cercando di capire quali forze determinassero il modo in cui i pianeti si muovevano, Keplero pensò che sia il magnetismo che il Sole potessero svolgere un ruolo in questa interazione, senza però riuscire a giungere a una spiegazione soddisfacente. Per questa si dovettero aspettare altri cinquant'anni, con Newton e le sue idee sulla forza di gravità.

Fino a Einstein infatti la comprensione delle leggi che governano il movimento degli oggetti attraverso lo spazio si basava sul lavoro dello scienziato britannico Isaac Newton (1643-1727). La celebre storia di Newton nel frutteto di mele è conosciuta da tutti i bambini in età scolare e forse col tempo è diventata un cliché, ma fu necessaria una mente eccezionale per domandarsi: "Perché la Luna non cade sulla Terra alla stessa maniera della mela?". E ci volle un vero genio per determinare che la Luna, in effetti, *sta cadendo*.

LA FORZA UNIVERSALE

Newton sapeva che qualsiasi teoria da lui concepita per descrivere il movimento della mela e della Luna doveva essere compatibile con le scoperte di Keplero. Nel 1687 scrisse quella che è considerata una delle più importanti

I PRINCIPI DELLA DINAMICA DI NEWTON

1. Ciascun corpo persevera nel suo stato di quiete o di moto rettilineo uniforme salvo che sia costretto a mutare quello stato da forze applicate a esso.
2. Una forza agente su un corpo lo farà muovere nella stessa direzione della forza applicata. La grandezza del cambiamento di velocità o direzione dipende dalla misura della forza e dalla massa del corpo.
3. A ogni azione corrisponde una reazione uguale e contraria. Se un corpo esercita una forza su un secondo corpo, allora il secondo esercita sul primo una forza uguale e contraria.

---

opere scientifiche di sempre: *Philosophiae naturalis principia mathematica* (I principi matematici della filosofia naturale). Spesso chiamata semplicemente *Principia*, illustrava la visione di Newton di un universo nel quale tutti gli eventi si svolgono in uno spazio infinito e dove il tempo scorre fluido. Partendo dagli esperimenti di Galileo sui corpi in movimento e dalle osservazioni dei pianeti di Keplero, Newton formulò i suoi tre principi della dinamica e la sua teoria della gravità.

Affermò cioè che tra due oggetti c'è sempre **una forza gravitazionale con cui l'uno attrae l'altro**. La gravità è soggetta alla legge dell'inverso del quadrato, che significa che la grandezza della forza è inversamente proporzionale al quadrato della distanza. Questo vuol dire che, se si raddoppia la distanza tra due oggetti, la forza che li attira reciprocamente si riduce a un quarto di quella iniziale. Se la distanza è moltiplicata per cinque, la forza si ridurrà a un venticinquesimo.

Con tre semplici leggi del moto dei corpi e una legge di gravità, Newton sembrava poter spiegare il moto di qualsiasi

Isaac Newton nell'atto di esaminare la natura della luce con l'aiuto di un prisma.

corpo nell'universo. La sua teoria forniva una spiegazione tanto per le leggi del moto planetario di Keplero quanto per il moto di caduta della mela. Newton fece derivare i suoi principi da tre quantità fondamentali, che sono alla base di tutta la scienza: tempo, massa e distanza. Conoscendo il tempo che un oggetto impiega per percorrere una data distanza, è possibile calcolare la sua velocità e la direzione del moto. La massa è la grandezza che ci dice la quantità di materia che contiene un oggetto e dunque la quantità di forza necessaria per muoverlo. Moltiplicando massa per velocità si ottiene la quantità di moto, che indica quanto sarà difficile fermare l'oggetto una volta messo in movimento. In seguito Einstein scoprì che queste tre quantità sono relative.

TEMPO E SPAZIO ASSOLUTI

Secondo Newton tempo e spazio erano assoluti; costituivano il palcoscenico immutabile sul quale si svolgeva lo spettacolo dell'universo. Newton considerava le misure che applichiamo al tempo nella vita di tutti i giorni (l'ora, il mese, l'anno) semplicemente come tempo del pensiero comune. Per quanto utili, non dovevano essere confuse col tempo "vero" o, come lo definiva Newton, "assoluto".

Il tempo assoluto, sosteneva, era completamente separato dallo spazio e sciolto dagli eventi. Il tempo assoluto procedeva alla stessa velocità costante in ogni angolo dell'universo. Un secondo per te dovrebbe equivalere esattamente a un secondo per me, ovunque ci troviamo nell'universo e indifferentemente da quello che stiamo facendo.

PALLE DI CANNONE COSMICHE

Sono due le forze che determinano la traiettoria di una palla di cannone: la gravità e la forza che la proietta fuori dal cannone. Il risultato dell'azione congiunta di queste due forze è che la palla segue una traiettoria curva che la riporta sulla Terra (A, B). Immagina che il cannone possa produrre una forza sufficiente da fare sì che la traiettoria della palla coincida con la curvatura della Terra (C). Si troverebbe a viaggiare intorno alla Terra in uno stato di costante caduta, senza mai poter raggiungere il suolo (mettiamo, per amore di discussione, che non ci sia attrito dell'aria a rallentarla). La palla di cannone è un satellite in orbita. Una spinta più forte spinge il satellite su un'orbita più distante (D), se non nello spazio fuori (E). È questo il principio che permette di mettere in orbita i veri satelliti. La Luna è come una palla di cannone cosmica, in costante caduta nell'orbita della Terra.

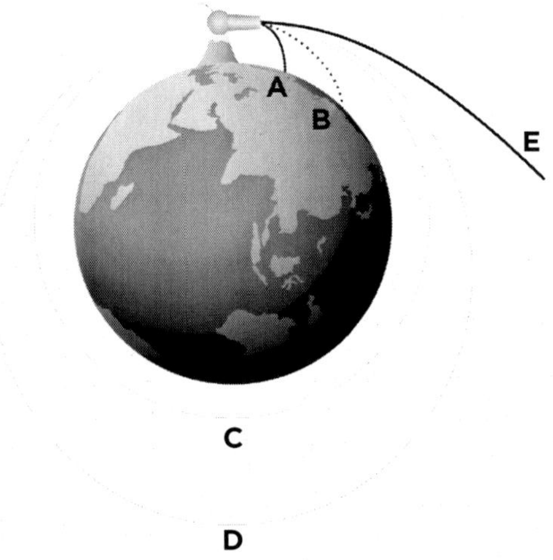

Newton sosteneva anche l'idea di spazio assoluto. Pensava fosse possibile indicare la posizione assoluta di un corpo nello spazio assoluto, un po' come foderare l'universo di carta tridimensionale e tracciare la posizione di qualsiasi cosa in esso contenuta. Ma dire cosa sia lo spazio assoluto è impossibile quanto dare la definizione di tempo assoluto.

I principi di Newton non furono messi in discussione per più di duecento anni. Ancora adesso, nella maggior parte delle situazioni più comuni, rappresentano un modo attendibile di calcolare il movimento di un oggetto e la maniera in cui è influenzato dalla gravità. Ma Newton non era riuscito a spiegare che cosa ci fosse all'origine della gravità. Quando fu il suo momento Einstein fornì una spiegazione che avrebbe stupito persino Newton, se fosse stato ancora in vita...

CAPITOLO 2

COS'È LA LUCE?

LA NATURA DELLA LUCE È ALLA BASE DI GRAN PARTE DEL LAVORO DI EINSTEIN

Per secoli l'uomo ha studiato i vari fenomeni associati alla luce. Il filosofo e matematico greco Pitagora credeva che la vista funzionasse come il tatto, grazie a raggi emanati dagli occhi che ci permettono di percepire gli oggetti. Un altro pensatore della Grecia antica, Democrito, credeva che gli oggetti proiettassero continuamente immagini di sé e che fossero proprio quelle immagini a permetterci di percepirli.

Ovviamente, il problema di entrambe le teorie è che non spiegano la difficoltà a vedere di notte. Platone avanzò l'idea che, per vedere bene, la luce proiettata dagli occhi deve unirsi a quella proveniente dal Sole. Dal canto suo, Aristotele ipotizzò che fosse possibile vedere le cose solo se illuminate, ma questa idea fu respinta perché giudicata troppo semplice!

ONDE O PARTICELLE?

A prescindere dalle loro idee sull'origine della luce, gli antichi Greci sostenevano teorie contrastanti a proposito della sua stessa natura. La prima sosteneva che la luce fosse una perturbazione dell'etere, cioè la sostanza invisibile e impercettibile che riempiva lo spazio. Aristotele accomunava la luce a un'onda che viaggiava attraverso l'etere come le onde del mare attraversano l'acqua.

Pitagora, VI sec. a.C.

Un'altra teoria vedeva la luce come un flusso di particelle troppo piccole e veloci per essere percepite singolarmente. Sia Platone che Aristotele rigettarono questa concezione e così, per i successivi duemila anni, l'opinione universalmente accettata fu che la luce viaggiasse sotto forma di onde.

SIA FATTA LA LUCE

Il fisico arabo Alhazen (965-1038) scartò definitivamente l'idea che dei raggi emanassero dagli occhi. Stabilì che gli oggetti si vedevano perché riflettevano la luce di una fonte luminosa o perché erano loro stessi una fonte luminosa, come una candela, o il Sole.

Lo studioso inglese Robert Grosseteste (c. 1168-1253) lesse le opere di Alhazen e condusse esperimenti per proprio conto. Era convinto che l'intero universo fosse stato generato dalla luce, il primo degli elementi creati, che propagandosi da un singolo punto divenne una sfera che conteneva tutte le cose. Questa idea incredibilmente moderna ha delle ovvie corrispondenze con le attuali teorie sulla formazione dell'universo.

PARTICELLE O ONDE?

Oltre al suo studio della dinamica e della gravità, Isaac Newton era affascinato dalla luce. Condusse numerosi esperimenti e sviluppò delle idee personali sulla sua natura. Dimostrò che la luce bianca poteva essere divisa in un arcobaleno di colori (uno spettro) facendola passare attraverso un prisma. Notò che la luce viaggiava lungo linee rette, e che le ombre avevano contorni definiti. Per Newton era evidente che la luce fosse un flusso di particelle, e non un'onda.

Il matematico e fisico britannico Thomas Young (1773-1829) possedeva un tale intelletto che gli altri studenti all'Università di Cambridge lo avevano soprannominato "Fenomeno". Aveva idee diverse sulla luce, e decise di affrontare la questione onda/particella con un esperimento. Ipotizzò che, se la lunghezza d'onda della luce era abbastanza breve, essa avrebbe dato l'impressione di viaggiare in linee rette, come un flusso di particelle. Nel 1803 condusse un esperimento straordinario per eleganza e semplicità.

GLI ESPERIMENTI DI BACONE

Ruggero Bacone (c. 1220-1292) era un monaco inglese e uno degli allievi di Grosseteste. Come il suo maestro, era molto interessato allo studio della luce. Alcuni vedono in lui il primo vero scienziato moderno, per il ruolo centrale che attribuiva alla conduzione degli esperimenti. Molti di questi consistevano nel curvare e focalizzare la luce facendola passare attraverso delle lenti. Bacone fu uno dei primi a suggerire l'uso di lenti per alleviare i problemi di vista.

Per prima cosa fece un piccolo buco nella persiana di una finestra, che gli diede una sorgente di luce puntiforme. Poi praticò su un pezzo di cartoncino due fori, uno vicino all'altro. Posizionò in seguito questo pezzo di cartoncino in modo che la luce proveniente dal buco della persiana passasse attraverso i due fori e si proiettasse su uno schermo.

Se la teoria di Newton fosse stata corretta, e la luce fosse stata quindi un flusso di particelle, allora ci sarebbero stati due punti di luce sullo schermo, dove le particelle erano passate attraverso i fori.

Cosa poté osservare Young? Invece di due punti di luce ben separati, osservò una serie di frange colorate ricurve separate da linee scure, proprio come ci si aspetterebbe se la luce fosse un'onda.

I SEGRETI DELL'ELETTROMAGNETISMO

Nel corso del XIX secolo gli scienziati giunsero a una maggiore conoscenza dell'elettricità. Tra le loro scoperte, c'era quella della stretta relazione tra elettricità e magnetismo.

Nel 1820 il fisico danese Hans Christian Ørsted scoprì che un filo metallico percorso da una corrente elettrica poteva deviare l'ago di una bussola. Lo scienziato francese André-Marie Ampère (che diede il proprio nome all'unità base dell'intensità della corrente elettrica) condusse ulteriori esperimenti.

Scoprì che avvicinando due fili, entrambi percorsi da corrente elettrica, gli esiti potevano essere due. Se la corrente percorreva i fili nella stessa direzione, essi si respingevano a vicenda. In caso contrario subivano una forza di attrazione. Detto in altre parole, si comportavano esattamente come magneti.

André-Marie Ampère (1775-1836).

L'INDUZIONE ELETROMAGNETICA

Nel corso di centinaia di esperimenti condotti all'inizio del XIX secolo, lo scienziato inglese Michael Faraday (1791-1867) scoprì che, come una corrente elettrica creava magnetismo, così un magnete che si muoveva attraverso una bobina di filo generava elettricità. Il magnete doveva muoversi perché succedesse qualcosa. Le correnti elettriche creavano campi magnetici, e i magneti in movimento generavano correnti elettriche, in un processo oggi conosciuto col nome di induzione elettromagnetica. Era ormai impossibile dubitare dello stretto legame tra magnetismo ed elettricità. Il mondo, così come lo conosciamo oggi, non esisterebbe senza questa scoperta. È il principio dal quale dipendono sia l'elettricità generata in tutte le centrali elettriche del mondo che il funzionamento di tutti i motori elettrici che utilizziamo.

L'EFFETTO FARADAY

Faraday era convinto che ci fosse un legame tra elettricità, magnetismo e luce. Nel 1845 portò a termine un esperimento nel seminterrato della Royal Institution a Londra e scoprì che era in grado di alterare la polarizzazione di un raggio di luce grazie a un elettromagnete.

Questo dimostrava che effettivamente la luce aveva proprietà magnetiche. Faraday scrisse nei suoi appunti: "Sono finalmente riuscito a magnetizzare un raggio di luce". La dimostrazione di quello che oggi è conosciuto come "Effetto Faraday" è stata una tappa importante nello sviluppo della teoria del campo elettromagnetico, la quale, a sua volta, avrà un'influenza sul lavoro del fisico e matematico scozzese James Clerk Maxwell (1831-1879) e più tardi su quello di Albert Einstein.

I CAMPI E LE FORZE

Faraday voleva spiegare come un magnete potesse indurre una corrente elettrica in un cavo senza che ci fosse contatto fisico tra i due; così elaborò l'idea di un campo magnetico. Lo immaginò come linee di forza, denominate "linee

---

LO SPETTRO ELETTROMAGNETICO

Maxwell intuì l'esistenza di una gamma, o spettro, di onde elettromagnetiche, come fu dimostrato. La luce infrarossa e ultravioletta, invisibile agli occhi umani, era già stata scoperta alle estremità dello spettro visibile e aveva la stessa proprietà d'onda della luce visibile. Dopo la morte di Maxwell, la scoperta di onde radio a lunghezza d'onda lunga e di raggi X e raggi gamma a cortissima lunghezza d'onda ampliò ulteriormente lo spettro.

---

di flusso", che, invisibili, si allungavano attraverso l'intero spazio. Era facile rendere visibili queste linee: bastava mettere un magnete sotto un foglio di carta e spargerci sopra della limatura di ferro. I disegni creati dalla limatura di ferro rivelavano le linee magnetiche di forza. Per la teoria di campo di Faraday il magnete non era il centro della forza, ma concentrava la forza attraverso se stesso. La forza magnetica non era nel magnete, bensì nel campo magnetico che lo circondava.

VERSO UNA COMPRENSIONE PIÙ PROFONDA

Circa venti anni dopo che Faraday propose la sua teoria di campo, l'idea fu ripresa da James Clerk Maxwell, che si cimentò nel tentativo di esprimere in forma matematica le idee di Faraday. Più tardi, Einstein definì il lavoro di Maxwell sull'elettromagnetismo come "il più profondo e proficuo apporto al campo della fisica dai tempi di Newton".

Con quattro equazioni, Maxwell descrisse fenomeni elettrici e magnetici osservati e registrati da Faraday e altri ricercatori. Le equazioni di Maxwell spiegavano come le cariche e correnti elettriche creassero campi di forza magnetici ed elettrici. Le sue formule illustravano il modo in cui un campo elettrico poteva generare un campo magnetico, e viceversa.

Maxwell dedusse inoltre l'esistenza di onde elettromagnetiche capaci di percorrere vaste distanze attraverso lo spazio vuoto. Con la sua terza e quarta equazione, descrisse il modo in cui i campi circolavano intorno alle loro sorgenti. Immaginò un'onda elettromagnetica come due onde di campo (una elettrica, l'altra magnetica) che viaggiavano nella stessa direzione, ma perpendicolari tra loro. Durante la propagazione delle onde, il campo magnetico oscillava in fase con il campo elettrico. Maxwell vide che elettricità e magnetismo erano indissolubilmente legati, e non si poteva avere l'una senza l'altro.

Usò le sue equazioni per calcolare la velocità di un'onda elettromagnetica. Il risultato ottenuto fu di 299.792.458 metri al secondo (m/s), un dato in linea con quanto dimostrato dagli esperimenti. Per Maxwell questa non poteva essere una coincidenza, e dichiarò che la luce stessa era un'onda elettromagnetica.

CAPITOLO 3

IN CHE MODO LA LUCE VIAGGIA ATTRAVERSO LO SPAZIO?

SE LA LUCE È UN'ONDA, COME FA AD ATTRAVERSARE LO SPAZIO VUOTO?

Le onde richiedono qualcosa che le supporti. Si possono creare delle onde nell'acqua di una piscina muovendo le braccia su e giù; se si battono le mani, un'onda sonora attraverserà l'aria.

Ma come fa la luce del Sole ad arrivare fin qui? Era opinione di Maxwell e dei suoi contemporanei che, per viaggiare, la luce si servisse di un mezzo. Questo mezzo era chiamato "etere"!

UNA SOSTANZA SOPRANNATURALE

L'etere era invisibile e sembrava non opporre resistenza ai pianeti o ad altri corpi che lo attraversavano. La luce sembrava attraversare l'etere senza affievolirsi e senza poterlo illuminare.

Però l'etere doveva necessariamente riempire tutto lo spazio, perché la luce delle stelle giungeva a noi da ogni direzione. E allora che cos'era questa sostanza misteriosa?

Gli ingegnosi sperimentatori del XIX secolo cercarono di trovare un modo di isolarla. Due di loro, gli scienziati americani Albert Michelson ed Edward Morley, si cimentarono in una serie di esperimenti specifici per dimostrare gli effetti dell'etere sulla luce che lo attraversava.

L'INTERFEROMETRO

Si pensava che, mentre la Terra seguiva la sua orbita intorno al Sole, il flusso dell'etere che percorreva la superficie terrestre potesse produrre un "vento d'etere". Un raggio di luce in movimento attraverso l'etere avrebbe dovuto viaggiare più velocemente in favor di vento e più lentamente controvento.

L'obiettivo del fondamentale esperimento di Michelson e Morley, condotto nel 1887, era quello di misurare la velocità

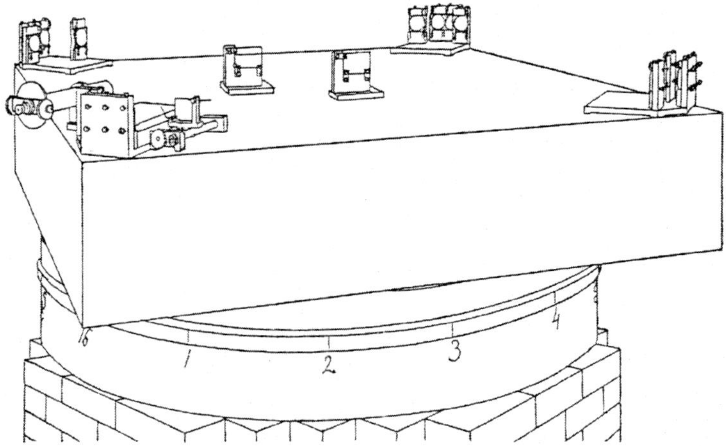

L'interferometro di Michelson.

della luce in diverse direzioni e così facendo determinare la velocità dell'etere rispetto alla Terra. Per effettuare le misurazioni, Michelson inventò uno strumento chiamato "interferometro". Questo strumento mandava un raggio da una fonte luminosa attraverso uno specchio semiriflettente, il quale separava la luce in due raggi che viaggiavano perpendicolari tra loro. I raggi erano poi riflessi verso il centro da altri due specchi e si ricombinavano, producendo una figura d'interferenza osservabile con un oculare. Ogni variazione nel tempo che occorreva ai raggi per viaggiare tra gli specchi si sarebbe tradotta in un cambiamento nella figura di interferenza. L'interferometro galleggiava in una vasca circolare di mercurio, che gli permetteva di ruotare lentamente.

Se la teoria dell'etere fosse stata corretta, la velocità dei raggi di luce sarebbe variata con il variare della loro direzione rispetto alla direzione dell'orbita della Terra.

Michelson e Morley scoprirono che non faceva alcuna differenza la direzione in cui ruotavano il loro strumento, né il momento del giorno in cui effettuavano le loro misurazioni: la velocità dei raggi luminosi rimaneva invariata. Sembrava che quindi, alla fine, l'etere non esistesse.

ALLA RICERCA DI UNA SPIEGAZIONE

L'incapacità di provare l'esistenza dell'etere sconvolse il mondo della fisica. Nessuno mise in dubbio l'attendibilità dell'esperimento, ma c'era una certa riluttanza ad accettarne il risultato. I fisici si misero al lavoro per trovare un modo di spiegare questi risultati pur confermando l'esistenza dell'etere.

Anche Michelson era rimasto perplesso. Ripeté l'esperimento, addirittura provandolo sulla sommità di una montagna, ma la velocità della luce rimaneva costante: non c'era neanche il minimo indizio che suggerisse l'esistenza dell'etere. Michelson si domandò persino se il motivo fosse perché l'etere si attaccava alla Terra e veniva trascinato con essa nella sua rotazione.

LA CONTRAZIONE DI LORENTZ-FITZGERALD

Lavorando separatamente, il fisico olandese Hendrik Lorentz e il fisico irlandese George FitzGerald giunsero alla medesima conclusione. Nel 1889 FitzGerald pubblicò un breve articolo nel quale ipotizzò che i risultati dell'esperimento di Michelson e Morley potevano essere spiegati solo se gli oggetti si contraevano viaggiando attraverso l'etere.

Questa contrazione doveva essere infinitesimale, un paio di centimetri per un corpo vasto come la Terra, ma sarebbe stata sufficiente per spiegare i risultati. Qualche anno dopo l'impiegato di un Ufficio Brevetti in Svizzera dimostrò come l'idea stessa dell'etere fosse semplicemente superflua. Albert Einstein suggerì che l'unica cosa necessaria era rinunciare all'idea di tempo assoluto.

COME FANNO LE ONDE ELETTROMAGNETICHE A VIAGGIARE ATTRAVERSO LO SPAZIO?

Un'onda elettromagnetica è il prodotto di cambiamenti nel campo elettrico e magnetico. Come già dimostrato da Faraday e altri, un campo elettrico variabile genera un campo magnetico variabile, e viceversa. Un'onda elettromagnetica non ha bisogno di un mezzo per propagarsi. A differenza di un'onda oceanica, che smuove molecole d'acqua mentre vi viaggia attraverso, un'onda elettromagnetica attraversa lo spazio senza bisogno di smuovere nulla. Si può pensare a un'onda elettromagnetica come a un'interferenza energetica che viaggia attraverso lo spazio, invisibile fino a quando non interagisce con la materia.

CAPITOLO 4

COS'È IL QUANTO?

IL QUANTO, L'IDEA RIVOLUZIONARIA DI MAX PLANCK, CAMBIÒ PER SEMPRE LA FISICA E GETTÒ LE BASI PER LA TEORIA DI EINSTEIN

Se riscaldata a sufficienza, una barra di metallo comincia a risplendere, diventando incandescente, ed emetterà luce rossa. Aumentando il calore, emetterà una luce prima gialla, poi bianca, passando per tutte le lunghezze d'onda dello spettro.

Per quale ragione? Perché l'aumento della temperatura produce onde elettromagnetiche?

LA RADIAZIONE DEL CORPO NERO

Ogni oggetto emana costantemente una radiazione elettromagnetica chiamata "radiazione del corpo nero"; la quantità di questa radiazione dipende dalla temperatura dell'oggetto. Un corpo nero è semplicemente qualcosa che assorbe la radiazione elettromagnetica che lo colpisce e la irradia a sua volta, principalmente sotto forma di radiazione infrarossa, che noi rileviamo in forma di calore. Più un oggetto è caldo, più la radiazione del corpo nero che emette sarà energetica. Se è abbastanza caldo emetterà radiazione del corpo nero sotto forma di luce visibile e onde elettromagnetiche di frequenza ancora superiore. Questo fatto costituiva un problema per i fisici classici e per la loro comprensione di come funzionavano le onde elettromagnetiche. Non era sorprendente che la luce aumentasse di intensità, ma per quale motivo cambiava colore?

In teoria un corpo nero ideale assorbirebbe ed emetterebbe radiazioni a tutte le frequenze, ma nella realtà niente è ideale. È per questa ragione che niente si raffredderà mai fino a raggiungere lo zero assoluto, cioè la temperatura teoricamente più bassa, alla quale una sostanza non emette alcuna energia.

CATASTROFE ULTRAVIOLETTA

Quando i fisici del tardo XIX secolo provarono a spiegare le loro osservazioni di radiazioni del corpo nero, si trovarono di fronte un problema. Secondo le leggi della fisica, come erano comprese al tempo, un corpo caldo doveva emettere radiazioni a tutte le frequenze, inclusi raggi X e gamma a breve lunghezza d'onda, e lunghezze d'onda più lunghe come le onde radio. Poiché non c'è un limite alle frequenze più alte, e di conseguenza esistono molte più alte frequenze che basse, ciò significa che è generato un numero infinito di frequenze, ognuna portatrice di energia. Questo scenario è conosciuto col nome di "catastrofe ultravioletta".

Max Planck (1858-1947).

Doveva esserci, da qualche parte, un difetto nelle idee sulla termodinamica e l'elettromagnetismo, ma quale? Nessuno era in grado di dare una risposta. Il fisico tedesco Max Planck propose una soluzione radicale e sbalorditiva che trasformò la fisica.

NELL'UNIVERSO QUANTISTICO

Il 19 ottobre 1900 Planck tenne un discorso alla Società Tedesca di Fisica che segnò l'inizio di una nuova era. Propose una teoria secondo la quale l'energia, invece di essere una continua e infinitamente variabile quantità come un'onda, si propaga in "pacchetti". E chiamò questi pacchetti "quanti", dal latino *quantum* che significa quantità. Un quanto era definito come la quantità minima di ogni proprietà fisica coinvolta in un'interazione.

Secondo Planck l'energia poteva solo essere emessa o assorbita in quanti interi, e ogni quanto aveva la propria specifica lunghezza d'onda e frequenza. Questo spiegava perché un corpo nero non emanasse radiazione in maniera uguale attraverso l'intero spettro elettromagnetico.

La catastrofe ultravioletta può essere evitata perché, anche se ci sono molte più alte frequenze che frequenze basse, per ottenerle servono quantità di energia sempre maggiori. Un quanto di luce violetta, per esempio, ha una frequenza doppia e quindi doppia energia rispetto a un quanto di luce rossa.

Scaldandosi, gli oggetti progrediscono attraverso lo spettro, da infrarossi a rossi, poi arancioni, blu e bianchi, perché l'aumento di temperatura significa che le particelle che li costituiscono stanno diventando più energetiche. È questo aumento di energia che permette la formazione di quanti a maggiore frequenza.

Planck suggerì la relazione tra l'energia di un quanto e la sua frequenza usando la formula $E= h\nu$, dove E è energia,

COS'È UNA COSTANTE?

In fisica, certe quantità fondamentali sembrano rimanere sempre invariate a prescindere dalle condizioni, e sono conosciute come "costanti fisiche". Tra queste c'è la costante di Planck, h, che collega energia e frequenza in un quanto; c, la velocità della luce, e G, la costante gravitazionale. Le costanti fisiche si crede rimangano uguali in tutte le circostanze e non cambino mai.

L'ENERGIA DEI FOTONI

Quando gli atomi assorbono sufficiente energia, gli elettroni che circondano il nucleo atomico possono spostarsi su orbite più alte. Nel momento in cui l'elettrone torna sulla sua orbita originale rilascia un fotone, un quanto di energia elettromagnetica. La quantità di energia nel fotone dipende da quanto indietro cade l'elettrone. Più l'elettrone è spinto lontano dal nucleo, maggiore sarà l'energia del fotone che è rilasciato.

h è un valore costante e *v* è frequenza. Il valore costante *h* è oggi conosciuto come la costante di Planck.

L'energia di un quanto di radiazione si può calcolare moltiplicando la sua frequenza per la costante di Planck. Grazie a questa formula, Planck poteva predire accuratamente la quantità totale di energia in un forno a qualsiasi temperatura.

Era impossibile dubitare dell'esattezza della formula di Planck; la previsione della teoria era confermata da quanto era rilevato in fase di esperimento. Tuttavia Planck pensava che la sua stessa spiegazione fosse improbabile, perché contraddiceva tutto quello che gli era stato insegnato. Nonostante questo, l'accettò come una soluzione di comodo per quello che accadeva quando la materia assorbiva o emetteva energia, anche quando era incapace di dare una buona spiegazione del perché dovesse essere così. Qualche anno dopo, Einstein reinterpreterà l'ipotesi di Planck e svilupperà ulteriormente la teoria.

Mentre Planck presentava la sua idea, l'allora ventunenne Albert Einstein dava ripetizioni di matematica e scriveva un articolo sull'effetto capillare.

Tempo dopo raccontò la sua reazione alla teoria di Planck: "Era come se ci avessero levato il suolo da sotto i piedi, non c'erano più solide basi da nessuna parte". Planck ed Einstein passarono molto tempo insieme e per molti anni ebbero un proficuo scambio di idee.

Quando Planck morì, nel 1947, Max Born osservò: "È difficile immaginare due uomini con concezioni della vita più diverse [...] eppure che importanza potevano avere queste differenze al confronto di quello che li accomunava: la fascinazione per i segreti della natura".

CAPITOLO 5

COS'È L'EFFETTO FOTOELETTRICO?

COME EINSTEIN SI SERVÌ DELLA TEORIA DI PLANCK PER SPIEGARE UN FENOMENO SCONCERTANTE

C'era un altro aspetto della radiazione che andava spiegato: l'effetto fotoelettrico. Era un fatto già conosciuto che un raggio di luce diretto su certi tipi di metallo causasse un'emissione di elettroni. Questo fenomeno è alla base dell'energia solare ottenuta mediante pannelli fotovoltaici.

All'inizio si pensava che la spiegazione di questo fenomeno si trovasse nell'elettromagnetismo. Si dava per scontato che la parte dell'onda elettromagnetica nel campo magnetico desse agli elettroni l'energia necessaria per liberarsi dal metallo. Ma fu presto evidente che ci doveva essere dell'altro.

L'energia degli elettroni rilasciati dipendeva dalla frequenza della luce, non dalla sua intensità. Sembrava ovvio pensare che una luce più luminosa avesse più energia e producesse quindi elettroni a energia più alta; invece, indipendentemente dall'intensità della luce, gli elettroni emessi contenevano la stessa energia. Era solo aumentando la frequenza della luce, da rossa a violetta e poi ultravioletta, che venivano emessi elettroni a energia più alta. Una luce più intensa produceva un maggior numero di elettroni, ma la loro energia era invariata. Con una luce a frequenza sufficientemente bassa non ci sarebbe stata nessuna emissione di elettroni, anche se la luce fosse stata accecante. La teoria ondulatoria della luce non riusciva a spiegare queste conclusioni.

QUANTI DI LUCE

Einstein era incuriosito da questo fenomeno. Nel 1904 scrisse a un amico che aveva "trovato nel modo più semplice la relazione tra la taglia dei quanti elementari di materia e la lunghezza d'onda della radiazione". In un articolo che pubblicò sulla rivista accademica *Annalen der Physik* (Annali di Fisica) nel marzo 1905, Einstein interpretò i risultati degli esperimenti sull'effetto fotoelettrico alla luce della teoria

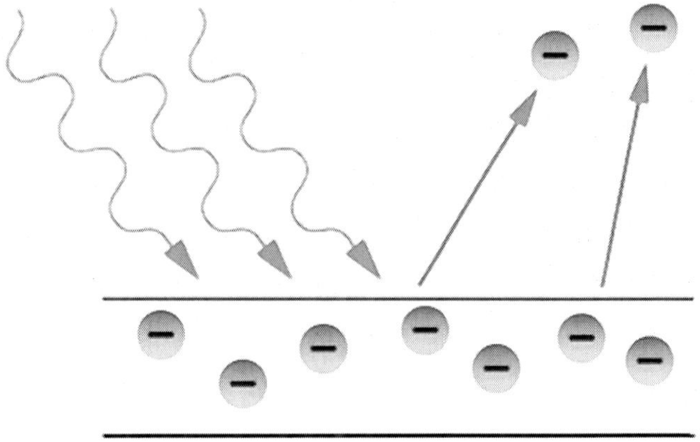

Schema dell'effetto fotoelettrico.

di Planck: il risultato gli valse il conferimento del Premio Nobel nel 1921.

Descrivendo la luce come pacchetti di energia, Einstein scrisse: "Quando una luce è propagata da un punto, l'energia non è continuamente distribuita su uno spazio sempre maggiore, ma consiste di un numero finito di quanti di energia che sono localizzati in punti dello spazio e che possono essere prodotti e assorbiti solo come unità complete". Per il biografo di Einstein, Walter Isaacson, questo fu "forse l'enunciato più rivoluzionario che Einstein abbia mai scritto".

L'approccio di Einstein era semplice eppure convincente. Comparò le formule che descrivevano il modo in cui si comportavano le particelle in un gas mentre questo cambiava volume con quelle che descrivevano cambiamenti simili che si verificavano mentre le radiazioni si diffondevano attraverso lo spazio. Scoprì che obbedivano entrambe alle medesime regole. La stessa matematica era alla base del comportamento del gas e della radiazione. Questo permise a Einstein di calcolare quale sarebbe stata l'energia di un quanto di luce dotato di una particolare frequenza: i suoi risultati erano in linea con le scoperte di Planck.

UNA SPIEGAZIONE DELL'EFFETTO FOTOELETTRICO

Einstein inoltre dimostrò come l'esistenza dei quanti di luce spiegasse l'effetto fotoelettrico. Come aveva mostrato Planck, l'energia di un quanto si determinava moltiplicando la sua frequenza per la costante di Planck.

Se un singolo quanto avesse dovuto trasferire tutta la sua energia a un singolo elettrone, l'energia dell'elettrone emesso sarebbe stata uguale a quella del quanto. Aumentare l'intensità della luce avrebbe prodotto più elettroni, ma non avrebbe aumentato la loro energia. Questo era in linea con le osservazioni di laboratorio dell'effetto fotoelettrico.

LA REALTÀ QUANTISTICA

Agli occhi di Planck, il quanto rappresentava poco più di un espediente matematico che permetteva di far funzionare le equazioni. Per Einstein esso era invece una realtà fisica, caratteristica dell'universo come realmente era. Entro il 1916 la posizione di Einstein fu avvalorata da esperimenti, e gli scienziati si trovarono a dover riconsiderare le loro idee sulla natura della luce.

Nel corso dei successivi venti anni, Einstein provò a risolvere, senza riuscirci, il doppio paradosso della luce. Verso la fine della sua vita, nel 1951, in una lettera al suo amico Michele Besso scrisse che dopo cinquant'anni di ricerche era ancora lontano dal rispondere alla domanda Che cosa sono i quanti di luce? "Adesso tutti credono di avere la risposta", scrisse, "ma si sbagliano [...] nessuno sa davvero cosa sia la luce!".

STRANEZZA QUANTISTICA

Thomas Young (vedi pag. 27) aveva dimostrato che la luce era un'onda: aveva mostrato come la luce che passa attraverso due fessure vicine crea delle figure di interferenza. Supponendo però che la luce sia un flusso di particelle, cosa succederebbe se mandassimo verso le due fessure solo un quanto alla volta? Verrebbe da immaginare che alla figura di interferenza si sostituirebbero due macchie di luce in corrispondenza delle fessure. Eppure, anche emanando un fotone al secondo, si osservano ancora le figure di interferenza. Anche se ogni fotone è emesso solo dopo che quello precedente colpisce lo schermo, è come se sapesse dove andare per formare la figura di interferenza! Come funziona? Come disse il grande fisico Richard Feynman: "Sono tante le persone che hanno una qualche comprensione della teoria della relatività [...], posso invece dire con certezza che la meccanica quantistica non la capisce nessuno".

Richard Feynman (1918-1988).

IL DUALISMO ONDA-PARTICELLA

Ciò che divenne evidente era che, per quanto strano e stupefacente, sia la teoria delle particelle che quella ondulatoria erano corrette. Sembrava che la luce fosse un'onda o una particella a seconda di come la si guardasse. L'unica cosa che si poteva fare era descrivere come la luce si comportasse in diverse condizioni: a volte si comportava come un'onda, a volte come un flusso di particelle. E altre volte sembrava essere entrambe le cose allo stesso tempo.

Ancora oggi non disponiamo di un singolo modello che ci permetta di descrivere la luce in tutte le sue caratteristiche. È facile dire che la luce presenta un "dualismo onda-particella" e chiudere lì la questione, ma nessuno sa davvero spiegare in modo soddisfacente che cosa voglia dire.

CAPITOLO 6

COME HA FATTO EINSTEIN A PROVARE L'ESISTENZA DEGLI ATOMI?

ALL'INIZIO DEL XX SECOLO GLI SCIENZIATI DIBATTEVANO ANCORA L'ESISTENZA STESSA DI ATOMI E MOLECOLE.
EINSTEIN TROVÒ LA RISPOSTA DEFINITIVA GRAZIE AL LAVORO DI UN BOTANICO SCOZZESE

Nel maggio 1905 gli *Annali di Fisica* ricevettero un altro articolo di Einstein. Questa volta il soggetto (la teoria cinetica dei gas) era basato sulla fisica classica, ma Einstein voleva servirsene per stabilire per la prima volta che atomi e molecole erano una realtà fisica.

DA CHE PARTE STIAMO ANDANDO?

In precedenza abbiamo esaminato i principi della dinamica di Newton, che oggi ci permettono di calcolare il tragitto di una sonda spaziale in cerca di comete o la traiettoria di una palla da cricket nei guanti del ricevitore. Grazie alle leggi di Newton, se si conosce come un oggetto si muove adesso si può calcolare come si muoveva prima e come si muoverà in futuro.

La cosa curiosa riguardo alle leggi della dinamica è che non dipendono dal tempo. Se si guarda una sequenza di immagini di una cometa che attraversa il cielo, le leggi della dinamica di Newton non possono dire in che direzione il film sta procedendo. Le leggi di Newton sono reversibili, funzionano nello stesso modo, che si stia calcolando un movimento in avanti, verso il futuro, o all'indietro, nel passato. Se si mostrasse un video di un uovo rotto i cui frammenti si rimettono insieme, per poi sollevarsi dal suolo e finire in mano, si capirebbe subito che sta procedendo al contrario. Le leggi di Newton non dicono che è impossibile, ma è quasi certo che non si assisterà mai a una cosa del genere, perché è molto improbabile.

IL PARADOSSO DI REVERSIBILITÀ

Secondo la teoria cinetica dei gas, il calore è una misura del moto degli atomi. Più gli atomi sono agitati, più è elevato il calore. Il fisico e filosofo austriaco Ludwig Boltzmann si servì

La simmetria dell'inversione temporale contro la freccia del tempo.

della teoria cinetica per spiegare il cosiddetto "paradosso di reversibilità" in fisica. Questo è derivato dalla seconda legge della termodinamica, che afferma che i sistemi fisici tendono a diventare più disordinati e stabilisce che la maggior parte dei processi naturali sono irreversibili. L'universo, pare, procede inesorabilmente da uno stato di bassa entropia (ordine) a uno stato di alta entropia (disordine), e questo sembra in contraddizione con la natura reversibile della meccanica di Newton. L'idea di una "freccia del tempo", che dal passato indica il futuro, fu introdotta per la prima volta dall'astronomo Sir Arthur Eddington.

Boltzmann risolse il paradosso determinando che la seconda legge riguardava le probabilità. Gli innumerevoli atomi e molecole che compongono un uovo rotto o qualsiasi altro oggetto sono in costante movimento casuale. Esiste un'infinitamente piccola, ma non inesistente, possibilità che le molecole si muoveranno precisamente in modo da ricomporre l'uovo. Ma tale evento è così improbabile che la rottura dell'uovo risulta irreversibile.

Einstein lesse la teoria dei gas di Boltzmann (che descrive un gas come un gruppo di innumerevoli molecole che rimbalzano casualmente) e la definì "assolutamente magnifica". Tra il 1902 e il 1904 stava anche lavorando alla seconda legge della termodinamica e sviluppava una "teoria molecolare generale del calore" usando statistiche e meccanismi che avrebbero, a suo dire, "colmato il divario", ed esteso il lavoro di Boltzmann sui gas ad altri materiali.

Presentò la sua teoria statistica molecolare con la sua tesi di dottorato all'Università di Zurigo, che descriveva un nuovo metodo teoretico per determinare la grandezza delle molecole e per calcolare il numero di Avogadro, cioè il numero di atomi o molecole in una data quantità di una sostanza.

$$N_A = 6{,}02 \times 10^{23}$$

Il numero di Avogadro, o costante di Avogadro, prende il nome dallo scienziato italiano Amedeo Avogadro (1776-1856) che fu il primo a suggerire, nel 1811, che il volume di un gas è proporzionale al numero dei suoi atomi o molecole.

In un articolo a parte, pubblicato nel maggio 1905, Einstein applicò la teoria molecolare del calore ai liquidi e risolse così il rebus del "moto browniano".

IL MOTO BROWNIANO

Nel 1827 il botanico scozzese Robert Brown diede la prima interpretazione fisicamente valida di un fatto misterioso già noto: che il polline di fiori sospeso in acqua si muoveva in maniera disordinata, come spinto da forze invisibili. Anche altri ricercatori avevano notato questo strano fenomeno, ma Brown ne diede un'interpretazione animistica. Contrariamente infatti a quanti pensavano che la ragione fosse che il polline fosse materia vivente, Brown dimostrò sperimentalmente che non erano soltanto i grani di polline a muoversi così. Se sospesa in un liquido, qualsiasi particella di grandezza simile, dai frammenti di granito alle particelle di fumo, presentava lo stesso strano moto. Einstein non aveva l'obiettivo dichiarato di spiegare il moto browniano, che neppure menzionava nel titolo del suo articolo: *Il moto di piccole particelle sospese in liquidi in quiete, secondo la teoria cinetico-molecolare del calore*. Piuttosto scrisse: "È possibile che i movimenti discussi qui siano identici al cosiddetto 'moto browniano molecolare'; tuttavia i dati disponibili su quest'ultimo sono così imprecisi che mi è stato impossibile giudicare la questione".

Einstein voleva provare l'esistenza di atomi e molecole, e mostrare come le azioni delle molecole potessero essere chiaramente dimostrate. La spiegazione del moto browniano fu solo una scoperta incidentale. Einstein si disse che se le molecole in un liquido si muovevano a caso, come le molecole di un gas, allora ogni tanto dovevano urtare i minuscoli grani di polline in numero sufficiente da farli muovere.

Lo scienziato spiegò il moto in dettaglio, servendosi di conoscenza teoretica e di dati ricavati da esperimenti. Utilizzò anche potenti strumenti statistici, coi quali aveva familiarizzato nella sua tesi precedente, per predire accuratamente la

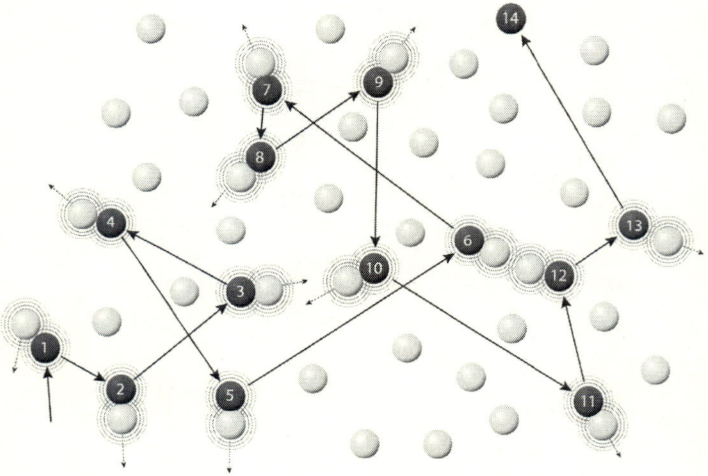

Moto browniano.

distanza che le particelle percorrono nel loro muoversi irregolare e casuale.

Quando, nel 1905, fu pubblicato l'articolo di Einstein sul moto browniano, gli scienziati stavano ancora dibattendo sull'esistenza stessa di atomi e molecole. Alcuni ricercatori, come il fisico Ernst Mach (che diede il suo nome alla velocità del suono) e il chimico e fisico Wilhelm Ostwald, erano tra quelli che misero in discussione l'atomo. La loro opinione era che la termodinamica riguardasse il modo in cui l'energia cambia da una forma all'altra e credevano che non ci fosse bisogno di spiegarla col movimento casuale di atomi invisibili.

Mach influenzò il pensiero di Einstein in un altro modo. Dichiarò che era impossibile definire i concetti di Newton di tempo e spazio assoluti, considerati da lui una "mostruosità concettuale". Ma Einstein ribaltò completamente queste idee. Nel giro di qualche mese dalla pubblicazione del suo articolo, alcuni esperimenti confermarono le sue previsioni.

Il fisico francese Jean-Baptiste Perrin (1870-1942) si servì dell'ultramicroscopio (di allora recente invenzione) per verificare le idee di Einstein; per il suo lavoro nel campo della fisica fu premiato con il Nobel nel 1926. Le prove che trovò dimostravano in maniera convincente la bontà della teoria di Einstein.

Come scrisse il fisico e matematico tedesco Max Born: "Penso che queste ricerche di Einstein abbiano contribuito

I tre stati fondamentali della materia: le molecole di un solido, di un liquido e di un gas in un becher di vetro.

più di qualsiasi altro lavoro a convincere i fisici della realtà di atomi e molecole".

Era un segno del genio di Einstein: mentre forniva le prove dell'esistenza degli atomi stava anche calcolando le conseguenze del viaggiare alla velocità della luce. Pochi giorni dopo la pubblicazione del suo articolo sul moto molecolare, confidò a un amico di essere sul punto di modificare "la teoria dello spazio e del tempo".

CAPITOLO 7

COS'È LA TEORIA DELLA RELATIVITÀ SPECIALE?

EINSTEIN DIMOSTRÒ CHE, POICHÉ LA VELOCITÀ DELLA LUCE ERA UNA COSTANTE, TUTTO IL RESTO DOVEVA CAMBIARE

Il concetto di *relatività* in fisica è piuttosto semplice: sostiene che le leggi della fisica si applicano e rimangono le stesse per tutti gli osservatori liberi di muoversi, a prescindere dalla velocità del loro moto. Però, cosa intendiamo quando diciamo "essere in moto"?

La teoria della relatività speciale di Einstein, sviluppata nel 1905, era detta così poiché riguardava lo stato speciale degli oggetti in moto uniforme, a velocità e direzione costante gli uni rispetto agli altri. I fisici definiscono questa situazione un sistema di riferimento inerziale. Come Newton aveva enunciato nella sua prima legge della dinamica, quello inerziale è lo stato predefinito di qualsiasi oggetto che non subisce l'azione di una forza. Il moto inerziale è semplicemente un moto a velocità uniforme lungo una linea retta. Ci vollero dieci anni perché Einstein riuscisse a formulare la sua teoria generale, che si estendeva agli oggetti in moto accelerato.

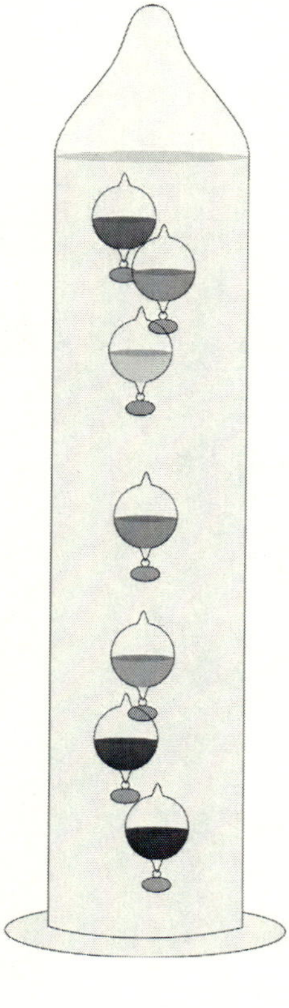

Per misurare qualsiasi cosa, sia essa tempo, distanza o massa, è necessario avere qualcosa con cui confrontarla. Un oggetto può solo essere più veloce, più grande o più pesante se messo in relazione con un altro oggetto. Un motivo per sviluppare un sistema di pesi e misure era la possibilità di mettere a confronto oggetti e quantità simili, per stabilire che uno era più grande o pesante dell'altro. Nessuna delle nostre unità di misura è assoluta; tutte devono essere definite in riferimento a qualcos'altro.

GALILEO

Nel 1632 Galileo Galilei aveva preso in considerazione l'idea che ogni moto è relativo. Nel suo *Dialogo sopra i massimi sistemi del mondo*, Galileo difese l'idea che la Terra non se ne stava immobile al centro dell'universo. Quando Copernico suggerì che la Terra si muoveva intorno al Sole, fu ridicolizzato dai critici, che dicevano che se fosse stato così ne avrebbero percepito il movimento.

Galileo affrontò la questione immaginando lo scenario di una persona chiusa in una cabina senza finestre all'interno di un'imbarcazione che attraversa a velocità costante le calme acque di un lago. Galileo si domandò: "C'è modo per il passeggero di sapere se la barca si sta muovendo senza uscire sul ponte?". Se la barca continua a muoversi nella stessa direzione a velocità costante, il passeggero non potrà percepire il suo moto. Alla stessa maniera, un passeggero dei giorni nostri che viaggia su un treno dall'andatura costante, o su un aeroplano, non avrà idea della velocità di crociera se non guardando fuori dal fi-

Galileo Galilei (1564-1642).

nestrino. Galileo si domandò se fosse possibile condurre sulla barca un esperimento che avesse un esito diverso dallo stesso esperimento condotto a riva, e quindi indicasse se la barca era in moto. Giunse alla conclusione che era impossibile.

A condizione che la barca si muovesse a velocità costante nella stessa direzione, ogni esperimento meccanico condotto al suo interno avrebbe avuto lo stesso risultato che se fosse stato condotto a riva. Sulla base di queste osservazioni Galileo presentò la sua teoria della relatività: "Due osservatori che si muovono a velocità e direzione costante l'uno rispetto all'altro, otterranno gli stessi risultati dagli esperimenti meccanici".

SISTEMI DI RIFERIMENTO

Una conseguenza importante di questa teoria è che la velocità può solo essere misurata in riferimento a qualcos'altro, e il calcolo cambia se misuriamo la velocità da un punto di riferimento diverso.

Dire che qualcosa si muove ha un significato solo se puoi dire cosa si sta muovendo in relazione a cosa: se due persone siedono una di fronte all'altra su un treno e una lancia all'altra un'arancia, questa viaggia a qualche chilometro all'ora, ma qualcuno che si trova sulla piattaforma vedrebbe arancia, treno e passeggeri sfrecciargli accanto a cento chilometri all'ora!

La velocità percepita di un oggetto in movimento dipende dalla velocità alla quale voi stessi vi state muovendo rispetto a quell'oggetto.

L'idea che il moto non ha nessun significato senza un sistema di riferimento è centrale per le teorie della relatività di Einstein. Prima di Einstein si credeva nell'esistenza del moto assoluto, cioè che si potesse dire di un oggetto che era in movimento senza fare riferimento a nient'altro.

Quest'idea necessitava l'esistenza di uno stato di assoluta quiete nello spazio (perché una cosa o si muove o non si muove). Newton la formulò così: "Il moto assoluto è la traslazione di un corpo da un luogo assoluto in un luogo assoluto; il relativo da un luogo relativo in un luogo relativo".

La teoria di Einstein della relatività speciale si sbarazzò di questa idea di quiete assoluta e moto assoluto. Si dice (ma forse è una leggenda) che una volta Einstein avesse suscitato la perplessità di un controllore chiedendogli: "Oxford fa tappa a questo treno?"

L'INTRODUZIONE DELLA RELATIVITÀ SPECIALE

L'articolo di Einstein del 1905, dal titolo "Sull'elettrodinamica dei corpi in movimento", cominciava con un esempio molto semplice, già conosciuto da Faraday e altri scienziati vittoriani che avevano studiato l'elettromagnetismo: una corrente elettrica è generata se un magnete è mosso dentro una bobina di filo metallico, e la stessa corrente è prodotta se il magnete rimane fermo e la bobina si muove. Einstein si intendeva di elettricità perché aiutava spesso suo zio Jakob, che era ingegnere. Lo zio lo aveva introdotto da giovane ai piaceri dell'algebra e a trafficare con le bobine e i magneti di un generatore. Inoltre, per il suo lavoro all'Ufficio Brevetti, Einstein si trovava spesso a esaminare ogni tipo di dispositivo elettromeccanico.

Sin dai tempi di Faraday si dava per scontato che ci fossero due distinte spiegazioni: una per il magnete in movimento che produceva la corrente, e una per la bobina in movimento che produceva la corrente. Ma Einstein contestò questa idea dicendo che non aveva importanza quale dei due si muovesse; era il movimento in relazione l'uno all'altra che generava la corrente. Anzi, disse proprio: "L'idea che questi due casi dovessero essere sostanzialmente diversi mi era insopportabile". La distinzione tra magnete e bobina in movimento dipendeva dall'opinione, all'epoca ancora diffusa tra gli scienziati, che esistesse uno stato di assoluta quiete rispetto all'etere, la leggendaria sostanza misteriosa della quale Michelson e Morley tentarono invano di provare l'esistenza.

L'esempio del magnete e della bobina, insieme ad altre osservazioni fatte sulla luce, portarono Einstein a scartare l'idea di quiete assoluta come fallace e superflua. E con una semplice frase mise da parte l'idea stessa dell'etere: "Introdurre dell'*etere luminifero* si rivelerà superfluo [...] la tesi qui sviluppata non necessita di alcuno spazio in quiete assoluta". Così espresse piuttosto il suo "principio di relatività":

> *Le stesse leggi di elettrodinamica e ottica saranno valide per tutti i sistemi di riferimento per i quali valgono le leggi della meccanica.*

In altre parole, le leggi della fisica sono le stesse in tutti i sistemi di riferimento inerziali. Non importa che si stia viaggiando velocemente o lentamente, in questa o quella direzione, in avanti o all'indietro: le leggi rimangono le medesime, e ciò significa che qualsiasi esperimento darà risultati in linea con le leggi.

Einstein e Galileo concordavano nell'affermare che non c'era esperimento che potesse determinare il moto dell'osservatore in un sistema di riferimento inerziale. La relatività speciale si applica esclusivamente a oggetti che si muovono in un sistema di riferimento inerziale. Quando l'oggetto cambia direzione, o accelera, o rallenta, si può dire che è in movimento. Noi lo percepiamo quando un'automobile accelera o un aeroplano comincia la sua discesa. Non c'è bisogno di dire che un oggetto accelera in relazione a qualcos'altro.

LA COSTANZA DELLA LUCE

Dopo aver adottato il suo principio di relatività, Einstein si rese conto che era impossibile che Newton e Maxwell avessero entrambi ragione.

Nel 1940 cominciò la sua sfida a duecento anni di fisica newtoniana:

> *La precisa formulazione delle leggi spazio-temporali fu opera di Maxwell. Immaginate come si deve essere sentito quando le equazioni differenziali che aveva formulato gli dimostrarono che i campi elettromagnetici si propagano in forma di onde polarizzate, e alla velocità della luce! Sono pochissimi al mondo gli uomini ai quali è stata accordata un'esperienza simile [...] i fisici ci misero decenni per comprendere veramente la portata della scoperta di Maxwell, tanto spericolato è stato il salto in avanti che il suo genio impose alle idee dei suoi colleghi.*

Einstein si chiese: "La luce si comporta in modo simile a tutte le altre cose? La velocità della luce dipende anche dal moto dell'osservatore?". Questo lo condusse al secondo postulato, detto "postulato della luce", sul quale basò la sua teoria secondo cui la velocità della luce è una costante. Alcune cose possono essere relative, ma la velocità della luce è assoluta.

La luce, disse Einstein, viaggiava sempre a una velocità costante, indipendente dalla velocità dell'oggetto che emetteva la luce. Questo aveva poco senso in termini newtoniani, per cui le velocità erano sommate.

Per esempio, un lanciatore veloce può lanciare una palla da baseball più velocemente aggiungendo la velocità della sua rincorsa alla velocità con la quale la palla è rilasciata dalla sua mano. Ma un raggio di luce proiettato da un aeroplano in volo viaggerebbe alla stessa velocità di uno proiettato dalla cima (relativamente) stazionaria del monte che sta sorvolando. Questo è quello che Michelson e Morley avevano capito quando scoprirono che la velocità della luce era sempre la stessa a prescindere da come la misuravano. L'idea che nell'universo nulla possa viaggiare più velocemente della luce è fondamentale per la teoria della relatività speciale

LA DEFINIZIONE DI VELOCITÀ DELLA LUCE

Nel 1983 la Conferenza Generale dei Pesi e delle Misure stabilì ufficialmente la velocità della luce:

$c = 299.792.458$ m/s

Gli scienziati usano "c" come simbolo della velocità della luce dalla parola latina *celeritas*, che significa "rapidità". Allo stesso modo, il metro fu definito come la distanza che la luce attraversa in un 299.792.458esimo di secondo.

INDICE DI RIFRAZIONE

Con "velocità della luce" ci si riferisce generalmente alla velocità della luce che viaggia in un vuoto. Tuttavia la luce non viaggia sempre così velocemente, rallenta quando passa attraverso mezzi trasparenti come aria, acqua o vetro. La velocità della luce attraverso l'acqua corrisponde circa al 75% della sua velocità nel vuoto, ma si tratta comunque di 225.000 km/s, così è difficile accorgersi della differenza. Il rapporto in base al quale è rallentata, scoperto da Jean Foucault nel 1850, si chiama "indice di rifrazione".

di Einstein. Ma perché la luce viaggia attraverso un vuoto sempre a quasi 300.000 chilometri al secondo (km/s)? Perché non più velocemente o lentamente?

Perché, semplicemente, questa è la risposta che otteniamo quando risolviamo le equazioni di Maxwell, che dimostrano che la velocità delle onde elettromagnetiche è una costante definita dalle proprietà dello spazio vuoto attraverso il quale le onde si muovono. Non è misurata, come lo sarebbe ogni altra velocità, in relazione a nient'altro. La natura dell'universo e il comportamento dei campi elettrici e magnetici dettano quella che deve essere la velocità della luce.

Poiché le equazioni di Maxwell, che determinano la velocità della luce, si rivelano giuste in ogni sistema di riferimento inerziale, due osservatori che si muovono uno in relazione all'altro, ognuno misurando la velocità di un raggio di luce rispetto a loro stessi, otterranno lo stesso risultato anche nel caso che uno si muova nella direzione del raggio di luce e l'altro nella direzione opposta.

Qualsiasi altra cosa nella teoria della relatività speciale deriva da que semplice fatto. La costanza della velocità della luce produce molti apparenti paradossi che ribaltano completamente le nostre idee di spazio e di tempo.

CAPITOLO 8

QUALI SONO LE IDEE DI EINSTEIN SUL TEMPO?

LE CONSEGUENZE DELLA TEORIA DELLA RELATIVITÀ SPECIALE HANNO STRAVOLTO LA NOSTRA IDEA DI TEMPO

In un discorso tenuto nel 1922 Einstein affermò che:

> *La mia soluzione riguardava in verità il concetto stesso del tempo, ovvero che il tempo non è definito in termini assoluti, ma c'è un legame indissolubile tra il tempo e la velocità della luce. Grazie a questo concetto, il problema precedente poteva essere completamente risolto. Cinque settimane dopo questa realizzazione, la teoria della relatività speciale era completata.*

Immaginate di essere su una stazione spaziale e di puntare uno strumento di segnalazione laser in direzione di un'astronave che si sta allontanando da voi alla metà della velocità della luce, a circa 150.000 km/s. Il buon senso vi suggerisce che la luce laser dovrebbe giungere all'astronave alla metà della velocità della luce, poiché deve inseguire la navicella. Il buon senso, però, è fuorviante: il raggio di luce giungerà all'astronave a circa 300.000 km/s.

La velocità è uguale alla distanza percorsa divisa per il tempo impiegato per arrivare o, per dirlo con un'equazione:

$$v = d/t$$

In altre parole, è una misurazione dello spazio diviso per il tempo. Così, affinché la velocità della luce resti sempre la stessa per tutti gli osservatori (ovvero si ottenga sempre lo stesso risultato per v), dobbiamo apportare qualche modifica a d e t. Se la velocità della luce è inalterabile, spazio e tempo devono cambiare.

TEMPO ASSOLUTO

Isaac Newton scrisse: "Il tempo esiste in sé e scorre in modo uniforme senza relazione a niente di esteriore". Per Newton, ovunque lo si misurasse, il tempo procedeva sempre alla stessa velocità. Così, se i nostri orologi sono entrambi precisi e sincronizzati, cinque secondi per voi saranno cinque secondi per me. Peccato che non sia così. Torniamo per un attimo alla stazione spaziale e allo strumento di segnalazione laser. Affinché voi, nella stazione spaziale, e il pilota nella navicella possiate essere d'accordo sulla velocità alla quale il raggio luminoso arriva alla navicella, dovete essere d'accordo su quanto tempo ci mette ad arrivarci. Poiché la velocità della luce è sempre la stessa per il pilota, perché possiate arrivare alla stessa conclusione è necessario che gli orologi dell'astronave vadano più lenti.

IL PARADOSSO DEI GEMELLI

Immaginate che il pilota della velocissima astronave, che adesso accelera allo 0,99% della velocità della luce, sia il vostro gemello, e che abbia cominciato una missione esplo-

rativa attraverso l'universo. Il suo viaggio, secondo il tempo misurato nell'astronave, durerà un anno. Al suo ritorno, come avrete immaginato, il vostro gemello sarà più vecchio di un anno. E voi?

Monitorando gli spostamenti dell'astronave noterete qualcosa di strano. Gli orologi sull'astronave sono più lenti di quelli che si trovano sulla stazione spaziale (oppure, relativamente parlando, sono i vostri a essere più veloci); così, quando il vostro gemello ritorna, per voi saranno passati sette anni. Il tempo esatto dipenderà da quanto la velocità dell'astronave era vicina alla velocità della luce: a metà della velocità della luce, per esempio, un'ora sull'astronave equivarrebbe a 69 minuti sulla stazione spaziale; avvicinandosi di molto alla velocità della luce, la differenza potrebbe essere di migliaia o persino milioni di anni. Vi ritrovate adesso un gemello più giovane di voi di sei anni. Ma non è questo il paradosso.

Einstein disse che tutto il moto era relativo. L'importante non era se fosse il magnete o la bobina a muoversi per creare la corrente: in ogni caso, si muovevano l'uno rispetto all'altra.

Allo stesso modo, il vostro fratello gemello può guardare la stazione spaziale e dire che siete voi, invece, che vi allontanate a una velocità simile alla velocità della luce. Se è così, allora il vostro gemello vedrà i vostri orologi muoversi più lentamente! Allora chi invecchia più lentamente? Entrambi? Nessuno?

Potreste pensare che alla fine tutto si equilibra, e che quando sarete riuniti voi e vostro fratello avrete la stessa età. Ma non è così. Il pilota dell'astronave sarà davvero invecchiato di meno. Il fisico Herbert Dingle sosteneva negli anni Sessanta che il paradosso dei gemelli rivelasse una contraddizione nella teoria della relatività speciale. Oggi la maggioranza degli scienziati si trova d'accordo nel dire che la teoria della relatività sia la chiave per risolvere il problema; che la soluzione si possa trovare nella relatività speciale è invece ancora dibattuto. Lo stesso Einstein disse che la soluzione del paradosso aveva bisogno della teoria della relatività generale.

PIÙ VELOCE E PIÙ LENTO

Secondo la teoria della relatività speciale, più viaggi velocemente attraverso lo spazio, più viaggi lentamente attraverso il tempo. Avvicinandoti alla velocità della luce, gli intervalli tra gli eventi si allungano, e così il tempo sembra rallentare. Questo fenomeno si chiama "dilatazione temporale". Se un oggetto potesse viaggiare alla velocità della luce il tempo sembrerebbe fermarsi completamente.

In esperimenti come quelli effettuati nel grande collisore di adroni al CERN, dove particelle atomiche sono fatte collidere a frazioni considerevoli della velocità della luce, è necessario tenere conto degli effetti della dilatazione temporale per comprendere i risultati.

LA SIMULTANEITÀ

Einstein riteneva che un effetto della relatività speciale fosse particolarmente importante: la relatività della simultaneità. Due eventi che un osservatore percepisce come simultanei, a un secondo osservatore, in movimento rispetto al primo, può sembrare che accadano in tempi diversi. Per Einstein non è possibile dire chi dei due ha ragione, perché hanno ragione entrambi!

Einstein spiegò questo enigma con un esperimento mentale. Immaginate di osservare un temporale. Improvvisamente, due edifici che sappiamo essere equidistanti da dove vi trovate sono colpiti da un fulmine. Direste che sono stati colpiti simultaneamente. Adesso invece immaginate che passi un bus: se i fulmini colpiscono gli edifici mentre un passeggero del bus passa vicino a voi, sarebbe anche lui d'accordo nel dire che i due avvenimenti sono occorsi allo stesso tempo.

Ora immaginate invece che il bus si stia muovendo in direzione di un edificio allontanandosi dall'altro. In questo caso la luce del fulmine che colpisce il secondo edificio ci metterà più tempo a raggiungere il passeggero rispetto a

---

LA NATURA DEL TEMPO

Il tempo può essere lungo o breve; può essere pesante, o volare veloce; prendiamo tempo e cerchiamo di trovare il tempo; risparmiamo tempo, e ci domandiamo dove se n'è andato. Nessuno sa davvero dire cosa sia. Nel 1905 il fisico francese Henri Poincaré sostenne che il tempo è qualcosa che ci siamo inventati per comodità, piuttosto che qualcosa di reale. Disse che nessun esperimento avrebbe potuto istruirci sulla natura del tempo, e che avremmo dovuto semplicemente adottare l'idea del tempo dalla quale avremmo potuto ricavare le leggi fisiche più semplici. Potremmo pensare al tempo come a quella cosa che separa un evento da un altro; può dirci quanto un evento è durato, e quale evento è accaduto per primo. Per esempio, in una gara di cento metri, un velocista di livello arriverà dai blocchi di partenza al traguardo in circa dieci secondi. Possiamo misurare il tempo in frazioni di secondo, così sappiamo chi ha vinto e se ha stabilito o meno un nuovo record. Ma che cosa è un secondo? Possiamo definirlo in termini di vibrazioni di un atomo, ma ogni vibrazione è solo un altro avvenimento temporale. Se non succedesse nulla da nessuna parte, se non avesse luogo mai nessun evento, il tempo continuerebbe comunque a "scorrere costantemente"? Forse il tempo è fatto semplicemente di cose che succedono. E, come ha dimostrato Einstein, le cose possono accadere a velocità diverse.

---

quella che colpisce l'edificio verso il quale il bus si sta dirigendo. Il passeggero non vedrà i due eventi come simultanei.

Come abbiamo visto, per il principio di relatività non è possibile dire che voi siete in uno stato di quiete mentre il passeggero del bus è in movimento. Semplicemente, siete in movimento l'uno rispetto all'altro.

La relatività della simultaneità dimostra l'impossibilità del tempo assoluto. Gli orologi di due osservatori reciprocamente in movimento andranno a velocità diverse; il fenomeno sarà tanto più marcato quanto la velocità sarà vicina a quella della luce ma, benché impercettibile, si verifica anche a velocità molto inferiori. Il tempo scorre in modo diverso per tutti i sistemi di riferimento in movimento.

Come dichiarò il fisico Werner Heisenberg: "Questo è stato uno stravolgimento delle fondamenta stesse della fisica, inaspettato e radicale, un cambiamento che richiese tutto il coraggio di un genio giovane e rivoluzionario".

CAPITOLO 9

CHE COS'È LA CONTRAZIONE DI LORENTZ-FITZGERALD?

EINSTEIN PIEGÒ IL TEMPO ALLA SUA TEORIA E RIMPICCIOLÌ ANCHE LO SPAZIO

Un'altra strana conseguenza della costanza della velocità della luce per tutti gli osservatori è il fenomeno per cui un oggetto in movimento sembra rimpicciolirsi lungo la direzione del movimento. Alla velocità della luce la lunghezza dell'oggetto sarebbe zero. Questa è la contrazione di Lorentz-FitzGerald, dal nome dei due fisici che la proposero nel 1889 in seguito al fiasco dell'esperimento di Michelson-Morley. Fu Einstein a dimostrare che il fenomeno era reale, non una compressione fisica vera e propria, ma una conseguenza delle proprietà di spazio e tempo.

SEGUITE IL RAGGIO CHE RIMBALZA

Poiché più andiamo veloci più il tempo rallenta, ne consegue che dobbiamo anche contrarci fisicamente. Immaginate un'astronave con uno specchio montato a ciascuna delle sue estremità. Un impulso di luce rimbalza tra questi due specchi. Cosa succede a questo raggio che rimbalza quando l'astronave si avvicina alla velocità della luce?

In un'astronave lunga 150 m e in stato di quiete, per l'andata e il ritorno il raggio luminoso impiega circa un milionesimo di secondo. Ma al 99,5% della velocità della luce il tempo rallenta per circa un fattore di 10, il che significa che il viaggio di andata e ritorno del raggio, misurato da un osservatore, sarà un 100.000esimo di secondo.

Quando l'impulso luminoso viaggia dalla poppa alla prua dell'astronave, questo ci metterà più tempo perché lo specchio a prua si allontana dall'impulso a una velocità vicina a quella della luce. Il percorso inverso è invece molto più veloce, perché lo specchio di poppa si precipita incontro al raggio di luce. Ma, quale che sia lo specchio, il raggio di luce lo raggiungerà sempre, a circa 300.000 km/s, perché la velocità della luce è sempre la stessa.

Einstein con il fisico olandese Hendrik Lorentz.

Einstein si chiese: "Se volassi alla velocità della luce tenendo uno specchio davanti a me, potrei vedere il mio riflesso? Come potrebbe la luce raggiungere lo specchio se questo si ritrae alla velocità della luce?". La risposta alla domanda è affermativa, perché non importa quanto si avvicina alla velocità della luce, la luce che rimbalza tra lui, lo specchio e ritorno viaggerà sempre a 300.000 km/s.

Affinché la velocità della luce risulti essere sempre la stessa, non solo il tempo deve rallentare, ma la distanza percorsa dal raggio deve accorciarsi. A circa il 99,5% della velocità della luce, la distanza è ridotta per un fattore di 10, la stessa proporzione di quella dell'effetto di dilatazione.

Né l'astronave né il suo equipaggio rimpiccioliscono. L'oggetto in movimento si raccorcia solo nella direzione del suo movimento; le dimensioni perpendicolari al suo movimento rimangono uguali.

Il risultato per un osservatore in stato di quiete rispetto all'oggetto in movimento è che l'oggetto diventa distorto rispetto alla sua forma in stato di quiete.

La variazione della sua lunghezza non potrà essere riscontrata dall'equipaggio dell'astronave. La contrazione sarà soltanto visibile per un osservatore immobile rispetto ad essa. Dal punto di vista dell'equipaggio sull'astronave l'osservatore sembrerà essersi contratto poiché, in senso relativo, sta sfrecciando davanti a loro.

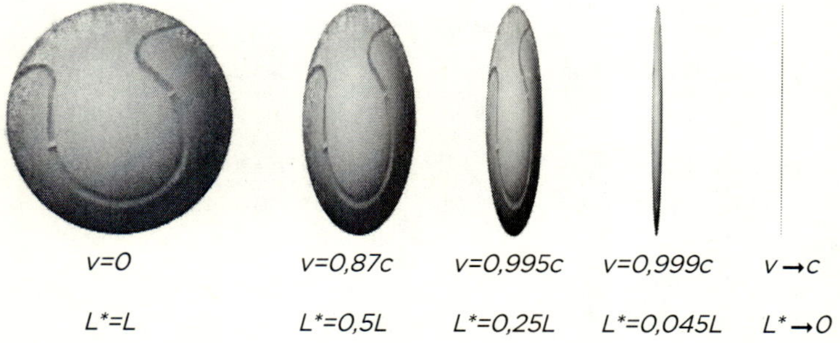

Gli effetti della contrazione di Lorentz-FitzGerald su una palla da tennis.

IL TEMPO SULL'ASTRONAVE

Proprio come scrisse Douglas Adams con immortali parole: "Lo spazio è vasto. Ma proprio vasto! Neanche ve l'immaginate quanto enormemente, smisuratamente, sbalorditivamente vasto esso sia". Persino la luce, la cosa più veloce di tutto l'universo, ci mette più di quattro anni ad attraversare la distanza tra il Sole e la stella più vicina. Eppure, dovesse diventare tecnicamente possibile raggiungere una velocità simile a quella della luce, per questi pionieri velocissimi viaggiare verso le stelle sarebbe molto più veloce. Come è possibile?

È un'altra conseguenza della contrazione di Lorentz-FitzGerald. Immaginate che l'astronave che si muove alla velocità della luce viaggi su una rotaia che si estende da una stella all'altra. Più va veloce, più corta sembrerà la rotaia e più corta sarà la distanza che l'astronave deve coprire per raggiungere la sua destinazione. Al 99,5% della velocità della luce il viaggio verso la stella più vicina impiegherà circa cinque mesi invece di quattro anni. Più l'astronave si avvicina alla velocità della luce più il viaggio sarà breve.

C'è anche uno svantaggio, ovviamente. Gli orologi dell'astronave sono dieci volte più lenti di quelli, relativamente statici, delle persone sulla Terra. Così, anche se sull'astronave saranno passati solo cinque mesi, per il tempo terrestre il viaggio sarà comunque durato quattro anni. Maggiore è la velocità dell'astronave, maggiore sarà la discrepanza tra il tempo terrestre e quello dell'astronave.

NON C'È TEMPO

Niente può viaggiare alla velocità della luce a eccezione della luce stessa, ovviamente. Come sarebbe un viaggio attraverso lo spazio per un fotone, un singolo quanto di luce? Le distanze si ridurrebbero a zero e l'orologio del fotone smetterebbe completamente di ticchettare.

Per il fotone non esiste né tempo né distanza. Andare da una parte all'altra dell'universo non richiede alcun tempo perché, per il fotone, l'universo intero è contratto a una lunghezza pari a zero. Il fotone è emesso e assorbito istantaneamente. Dal suo punto di vista è come se il fotone non fosse mai esistito, perché come si può esistere per zero tempo? Tutto questo va ben oltre le possibilità di comprensione umana, ma come disse Einstein stesso:

> *La più bella esperienza che ci è concesso vivere è il mistero. È l'emozione fondamentale che sta alla base della vera arte e della vera scienza. Chi non lo conosce e non è più in grado di meravigliarsi, e non prova più stupore, è come morto, e i suoi occhi sono offuscati.*

CAPITOLO 10

COS'È LO SPAZIO-TEMPO?

EINSTEIN DIMOSTRÒ CHE, ANCHE SE SPAZIO E TEMPO POTEVANO CAMBIARE, IL NUOVO CONCETTO DI SPAZIO-TEMPO ERA ASSOLUTO

L'anno dopo che Einstein pubblicò la sua teoria della relatività speciale, il matematico tedesco Hermann Minkowski scrisse:

> *D'ora in poi lo spazio di per se stesso e il tempo di per se stesso sono condannati a svanire in pure ombre, e solo una specie di unione tra i due concetti conserverà una realtà indipendente.*

Einstein sostenne che tempo e spazio assoluti potessero essere sostituiti dallo spazio-tempo assoluto. La realtà matematica della relatività dimostra che spazio e tempo sono indissolubilmente legati e che entrambi, come abbiamo visto, si alterano quando ci avviciniamo alla velocità della luce. Possiamo descrivere accuratamente ciò che può essere osservato alla velocità della luce solo considerando lo spazio e il tempo insieme.

L'UNIVERSO-BLOCCO

Per aiutarci a visualizzare una traiettoria attraverso lo spazio-tempo, i fisici si servono di un concetto chiamato "universo-blocco". Immaginate l'universo come un'enorme scatola rettangolare. Adesso, immaginatelo come una scatola a quattro dimensioni, in cui la quarta dimensione è il tempo. Prendere una fetta della scatola ci dà un'istantanea dell'universo-blocco in un dato momento. Ogni evento in qualsiasi luogo nel nostro universo piatto può essere rappresentato sulla scatola, le sue coordinate ci dicono dove e quando è accaduto. Di fatto, all'interno dell'universo-blocco spazio-temporale vi sono tutti gli eventi, passati, presenti e futuri.

Come fa il tempo a scorrere dal presente al passato attraverso l'universo-blocco? Un'opinione è che "ora" è la fetta presa in questo stesso momento. Il tempo "scorre" attraverso una serie di impercettibili salti da una fetta all'altra, e ogni

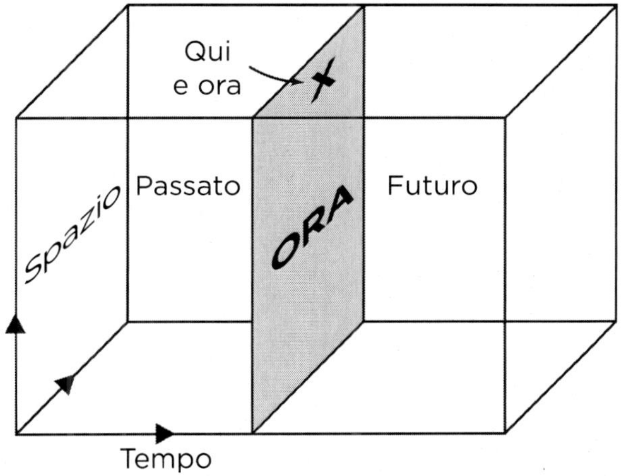

L'universo-blocco.

salto è così piccolo da non poter essere rilevato. Secondo un'altra opinione tutte le fette esistono simultaneamente, con tutti gli eventi passati e futuri mostrati lungo la linea temporale, ma ci è impossibile vederli perché non possiamo uscire dalle quattro dimensioni dello spazio-tempo. Sia che il tempo balzi continuamente nel futuro, come le pagine di un *flipbook* (i fotogrammi di un cartone animato), sia che il futuro già esista inalterabile, comunque la relatività di Einstein ci lega a un'idea dell'universo in cui spazio e tempo sono indissolubilmente connessi. Come abbiamo scoperto, gli effetti di dilatazione temporale e contrazione delle lunghezze implicano che lo spazio-tempo si divida

Un adulto normale non si interessa di problemi spazio-temporali... io, al contrario, mi sono sviluppato così lentamente che solo in età adulta ho cominciato a farmi domande sullo spazio-tempo. Poi mi sono gettato nello studio di questo problema con un'intensità mai raggiunta da nessun altro adulto o bambino.

Einstein, in una lettera indirizzata al premio Nobel James Franck. Per Einstein erano soprattutto i bambini, e non gli adulti, a riflettere sui problemi spazio-temporali.

nella sua parte di spazio e di tempo in modo diverso per osservatori che si trovano in sistemi di riferimento in movimento l'uno rispetto all'altro. Non è possibile, per esempio, dichiarare in modo categorico che un evento è durato dieci secondi senza indicare il sistema di riferimento nel quale è stata effettuata la misurazione. In altre parole, osservatori che si trovano in movimento relativo l'uno rispetto all'altro non potranno mettersi d'accordo su quale pagina del *flipbook* contiene l'evento.

I DIAGRAMMI DI MINKOWSKI

Nel 1907 Hermann Minkowski ideò un'altra maniera di illustrare come gli oggetti attraversavano il tempo e lo spazio. Queste rappresentazioni nello spazio-tempo sono chiamate "diagrammi di Minkowski" e ci permettono di visualizzare alcuni degli strani effetti della relatività.

In un diagramma spazio-temporale di Minkowski è utilizzato un sistema di coordinate nel quale il tempo è indicato verticalmente sull'asse y, mentre una o due delle dimensioni spaziali sono rappresentate lungo le assi x e z, come in un disegno prospettico. Se pensassimo al diagramma di Minkowski come a un universo-blocco, allora nel diagramma le fette di tempo sarebbero impilate verticalmente, col passato in fondo alla pila. Ognuna di queste fette è chiamata "ipersuperficie di tipo-spazio". In realtà queste istantanee spazio-temporali sono superfici tridimensionali, non piatte; tuttavia, come abbiamo visto con l'universo-blocco, immaginare uno spazio a quattro dimensioni è un compito arduo!

In un diagramma di Minkowski un oggetto non è rappresentato come un singolo punto, ma piuttosto come una linea che contiene tutti i punti spazio-temporali nei quali esiste; questa è la linea di universo dell'oggetto. La linea di universo è retta se l'oggetto si muove in modo uniforme, sarebbe invece curva se l'oggetto subisse l'azione di una qualsiasi forza. Se la linea di mondo incontra quella di un altro oggetto, quello è il punto in cui i due oggetti collidono. Le unità lungo l'asse del tempo sono di solito indicate come "secondi x velocità della luce", in modo che le linee di universo dei raggi di luce formino un angolo di 45° con ciascun asse. Il fatto che nulla possa viaggiare più veloce della luce limita i modi in cui gli eventi si possono influenzare l'un l'altro nello spazio-tempo. Le possibili linee di universo causate da un evento si irradiano da esso alla velocità della luce

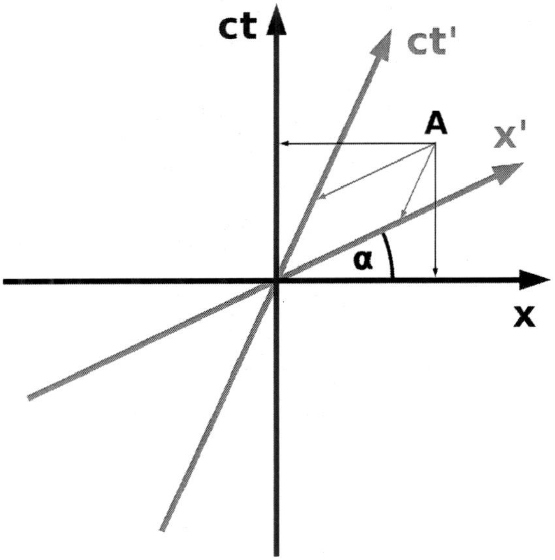

Un diagramma di Minkowski che descrive la teoria della relatività: per due osservatori l'evento al punto A accade in momenti diversi.

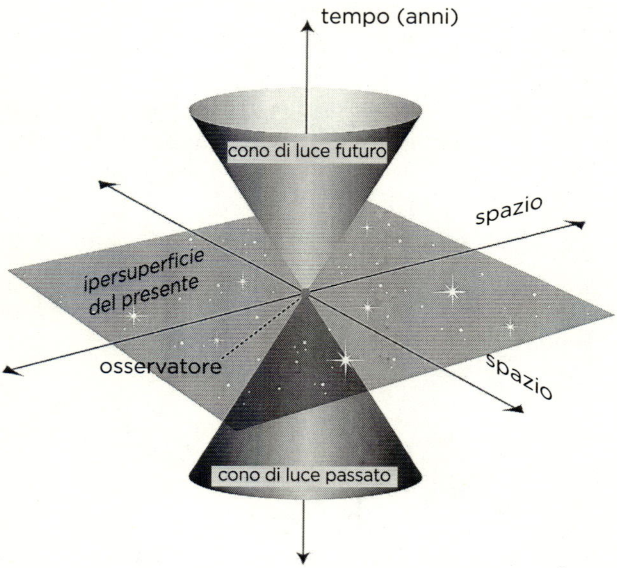

Diagramma di Minkowski per lo spazio-tempo

formando un cerchio in espansione, come piccole onde che si diffondono attraverso uno stagno dal punto in cui un pesce è balzato dalla superficie. Immaginate tutti questi cerchi sovrapporsi lungo la sequenza temporale. Man mano che i cerchi si posano l'uno sull'altro lungo la sequenza temporale, ognuno più grande di quello che lo precede, formano un cono rovesciato in cui la punta è l'origine dell'evento; questo è chiamato un cono di luce. Il cono di luce futuro dell'evento traccia tutti i possibili eventi futuri nello spazio-tempo che l'evento può influenzare. Poiché nulla può viaggiare a una velocità superiore a quella della luce, non c'è niente fuori dal cono di luce che possa essere influenzato dall'evento o esserne a conoscenza.

LO SCANSAFATICHE

Einstein studiò al Politecnico di Zurigo sotto la supervisione di Minkowski, ma non sempre gli riuscì di impressionarlo positivamente. In una conversazione sulla teoria della relatività, Minkowski confessò a Max Born: "Non me lo sarei mai aspettato, perché da studente Einstein era stato uno scansafatiche [...] la matematica non sembrava interessarlo per nulla".

Esiste anche un cono di luce del passato, perfettamente simmetrico, che parte dall'evento e si espande nel passato. Il cono di luce passato e quello futuro dividono lo spazio-tempo in tre zone. L'assoluto futuro dell'evento è la zona all'interno del cono di luce futuro, che contiene tutto quello che può potenzialmente accadere come conseguenza dell'evento. Il passato assoluto rappresenta tutto quello che si trova all'interno del cono di luce passato e contiene ciò che potrebbe potenzialmente aver causato o influenzato l'evento. Tutto quello che si trova al di fuori del cono di luce futuro e di quello passato non può aver avuto alcun effetto sull'evento in questione o esserne la causa. Ed è detto essere "altrove". Quello che si trova nell'"altrove" non può essere a conoscenza dell'evento né influenzarlo o esserne influenzato.

Il fisico britannico Stephen Hawking ha spiegato l'utilità dei coni di luce descrivendo quello che succederebbe sulla Terra se il Sole dovesse improvvisamente spegnersi. Dato il tempo che impiega la luce del Sole per raggiungere la Terra, potremmo accorgerci di questo evento solo quando la Terra entra nel cono di luce futuro del Sole, otto minuti dopo. Fino ad allora non saremmo in nessun modo toccati dallo spegnimento del Sole. Per avere un cono di luce quindi non è necessario avere la luce. Il cono di luce è solo una mappa della geografia dello spazio-tempo che mostra i limiti delle possibili interazioni che possono esserci con l'evento. Ciascun evento nello spazio-tempo ha il proprio cono di luce: questo significa che lo spazio-tempo è pieno di un numero infinito di coni che si sovrappongono all'infinito.

LO SPAZIO-TEMPO E LA SIMULTANEITÀ

I diagrammi spazio-temporali ci permettono di spiegare alcuni degli effetti sorprendenti della relatività speciale, come la dilatazione temporale e la contrazione delle lunghezze.

Qualsiasi evento che accade simultaneamente a un evento sulla linea di universo di un osservatore si troverà su un'ipersuperficie perpendicolare a quella linea di universo. In altre parole, tutti i punti sull'ipersuperficie sono situati nello stesso punto temporale, ma possono trovarsi lontanissimi nello spazio. Ora immaginate un secondo osservatore, in movimento rispetto al primo. La linea di universo del secondo osservatore segue una traiettoria inclinata rispetto a quella del primo, quindi anche la loro fetta d'ipersuperficie sarà inclinata rispetto alla prima. L'osservatore n. 2 non può concordare con le impressioni dell'osservatore n. 1 a proposito di quali eventi particolari siano simultanei tra loro.

Prima del 1905 e, quindi, prima delle rivelazioni di Einstein, l'opinione comune era che tutti avessero la stessa esperienza del tempo. Ma in realtà lo spazio-tempo si presenta a ciascuno di noi in modo leggermente diverso.

VIAGGIARE ATTRAVERSO LO SPAZIO-TEMPO

Immaginate di essere su un aeroplano che vola verso sud. Il pilota corregge la rotta, e ora l'aeroplano vola in direzione sud-ovest. Il velivolo sta ancora procedendo verso sud, ma meno velocemente di prima poiché parte della sua velocità lo sta portando anche verso ovest. Cosa c'entra tutto questo con lo spazio-tempo?

Nella fisica newtoniana il viaggio attraverso il tempo e quello attraverso lo spazio erano considerati due cose ben distinte. Secondo Einstein, invece, i due sono strettamente legati. Se siete stazionari (ovvero, non vi state muovendo attraverso lo spazio) allora il vostro movimento spazio-temporale è interamente attraverso il tempo. Quando cominciate a muovervi, parte del vostro movimento attraverso il tempo diventa movimento attraverso lo spazio. Proprio come per l'aeroplano che cambia rotta, la velocità del vostro viaggio attraverso il tempo rallenta quando una parte del vostro movimento è impiegata per viaggiare attraverso lo spazio.

Dato che la velocità della luce è costante, le misurazioni di spazio e tempo di un osservatore divergono da quelle di un altro osservatore in movimento relativo all'altro, di modo che entrambi attribuiscano alla velocità della luce lo stesso valore. Secondo la relatività speciale, la velocità combinata del moto di un oggetto attraverso spazio e tempo è esattamente uguale a quella della luce. Questo è il limite massimo di velocità che non può essere superato. Per un oggetto in movimento il tempo deve per forza rallentare, altrimenti la velocità totale combinata attraverso lo spazio-tempo sorpasserebbe quella della luce. Alla velocità della luce, la totalità del movimento spazio-temporale è diventata movimento attraverso lo spazio, senza che resti nulla per il movimento attraverso il tempo. E così, come abbiamo visto prima, dal proprio punto di vista un fotone di luce viaggia attraverso l'universo istantaneamente. Questi effetti relativistici sul tempo sono più marcati man mano che ci avviciniamo alla velocità della luce, ma esistono per ogni movimento attraverso lo spazio, anche a basse velocità. Alcuni esperimenti effettuati usando orologi atomici hanno dimostrato che gli orologi su un aeroplano in volo sono più lenti di alcune centinaia di miliardesimi di secondo rispetto a quelli rimasti a terra. Certo, la differenza è infinitesimale, ma corrisponde esattamente alle previsioni della relatività speciale.

SPAZIO-TEMPO ASSOLUTO

Einstein non era particolarmente entusiasta che la sua teoria fosse chiamata della "relatività". Come aveva dimostrato, alcune cose erano relative, per esempio il moto, le distanze e la durata del tempo, ma tutte queste esistevano davanti all'immutabile sfondo dello spazio-tempo, la cui geometria era rigorosamente governata dalla velocità della luce. Lo spazio-tempo assoluto è un concetto centrale per capire la teoria della relatività speciale, tanto quanto lo erano tempo e spazio assoluti per capire la fisica newtoniana. Einstein trovava che "teoria degli invarianti" fosse un nome più appropriato per il suo lavoro, basato com'era sulla natura costante dello spazio-tempo e sulla inalterabilità della velocità della luce. Il fisico Abraham Pais, autore di quella che è probabilmente la migliore biografia scientifica di Einstein, disse che erano due le cose per le quali era particolarmente portato: "Sapeva come concepire principi d'invarianza e servirsi di fluttuazioni statistiche". Un'invariante è qualcosa che rimane costante in varie trasformazioni. Una sfera è invariante, perché il suo aspetto non cambia in qualunque modo la si giri. Un cubo invece è invariante solo in rotazioni di 90°, infatti apparirà diverso a seconda che lo si ruoti con lo spigolo o con la faccia in su. L'intuizione di Einstein nella teoria della relatività speciale è che la velocità della luce è un'invariante. È costante, ed è ininfluente chi la misura o a che velocità stia andando mentre la misura.

CAPITOLO 11

PERCHÉ $E = mc^2$?

TUTTI CONOSCONO QUESTA FORMULA, MA COSA SIGNIFICA?

Fino a ora abbiamo esaminato quello che succede agli oggetti in moto uniforme. Come abbiamo visto, quando un oggetto si avvicina alla velocità della luce il tempo rallenta e la sua lunghezza si accorcia nella direzione del moto. Cos'è però che mette l'oggetto in moto? Secondo la teoria di Newton, un oggetto resta in uno stato di quiete o di moto uniforme a meno che non subisca l'azione di una forza.

La teoria di Einstein cambiò lo studio delle forze e del moto, e portò alla celebre equazione $E = mc^2$.

Einstein pubblicò la sua idea in un breve articolo, come una specie di coda alla teoria della relatività speciale. Intitolato: *Può l'inerzia di un corpo dipendere dal suo contenuto di energia?*, l'articolo fu inviato agli "Annali di Fisica" nel settembre del 1905.

LA FORZA E LA QUANTITÀ DI MOTO

Di un oggetto in movimento si dice che ha momento, che è un'unità di misura della quantità di moto. In forma di equazione è così definito:

Quantità di moto = massa x velocità.

Aumentando la massa o la velocità di un oggetto se ne aumenta la quantità di moto. Quando due oggetti in movimento collidono, tra loro c'è un trasferimento di energia e quantità di moto. Questo scambio produce una forza che agisce sui due oggetti. Una forza è l'unità di misura della velocità di trasferimento di energia e quantità di moto. Forza, energia e quantità di moto sono legate tra loro dalle seguenti formule:

Quantità di moto guadagnata = forza x tempo di azione della forza.

Energia guadagnata = forza x distanza attraverso la quale agisce la forza.

Queste formule sono tanto corrette nella fisica classica newtoniana quanto in quella relativistica di Einstein.

Proprio come l'energia, la quantità di moto si conserva in ogni interazione. Da questo fatto deriva la terza legge della dinamica di Newton:

A ogni azione corrisponde una reazione uguale e contraria.

Quando un razzo è lanciato, per esempio, la sua quantità di moto verso l'alto è bilanciata dalla quantità di moto verso il basso dei gas caldi espulsi dai suoi motori. Secondo la fisica classica era in teoria possibile trasmettere a un oggetto tutta la quantità di moto che si voleva e accelerarlo a piacimento. Era sufficiente applicare una forza grande abbastanza per un tempo sufficiente e persino la velocità della luce poteva essere raggiunta e superata. Questo però è qualcosa che secondo la teoria della relatività è impossibile.

Anche nella fisica relativistica è possibile impartire una quantità di moto illimitata a un oggetto applicandovi una forza. Ma, a dispetto di quanta forza è applicata e per quanto tempo, l'oggetto non potrà mai accelerare oltre la velocità della luce. Nella concezione classica si dava per scontato che la massa dell'oggetto rimanesse la stessa e che un aumento della quantità di moto comportasse un aumento della velocità. Einstein però stabilì che non era così, e affermò che l'aumentare della velocità di un oggetto comportava anche l'aumento della sua massa. Avvicinandosi alla velocità della luce, una parte sempre minore dell'aumento della quantità di moto si traduce in aumento della velocità, e sempre di più comporta un aumento della massa. Proprio come gli

COS'È L'ENERGIA?

La lettera *E* nell'equazione di Einstein sta per energia, ma cos'è l'energia? L'uso moderno del termine risale agli anni Quaranta del XIX secolo, quando fu utilizzato per la prima volta dal fisico William Thomson (che divenne in seguito Lord Kelvin). Egli si rese conto che la forza che alimentava tanti processi diversi poteva spiegarsi in termini di trasferimento di energia da un sistema a un altro. L'energia esiste in varie forme. Per esempio, esiste l'energia chimica immagazzinata nei nostri muscoli, che ci consente di muoverci; l'energia cinetica, cioè quella del movimento; l'energia potenziale, come quella che si trova nella corda tesa di un arco; l'energia elettromagnetica, l'energia termica e l'energia atomica.

In mancanza di energia niente potrebbe mai accadere. A una maggiore disponibilità di energia, corrisponde la capacità di conseguire risultati maggiori. Se un oggetto è descritto come energetico vuol dire che può fare delle cose. Gli scienziati credono che la quantità di energia nell'universo sia limitata; l'energia può cambiare da una forma a un'altra, ma non può essere creata, né distrutta.

---

effetti della dilatazione temporale e della contrazione delle lunghezze, l'aumento della massa non è percepito dall'oggetto stesso. L'equipaggio dell'astronave lanciata a una velocità simile a quella della luce non si sentirà sempre più pesante. L'aumento della massa potrà essere notato solo da un osservatore esterno, relativamente stazionario rispetto all'astronave, che osserva come quella resista a essere accelerata man mano che ci si avvicina alla velocità della luce.

Secondo la teoria della relatività un oggetto non può accelerare oltre la velocità della luce perché, avvicinandosi a essa, la sua massa aumenterà all'infinito. Farlo accelerare diventa sempre più difficile perché la quantità di energia necessaria allo scopo aumenta a sua volta. Quando Einstein pubblicò la sua teoria, era noto che accelerare elettroni in un tubo a raggi catodici era tanto più difficile quanto questi si avvicinavano alla velocità della luce. All'epoca si pensava che la ragione fosse da cercarsi in qualche interazione tra l'elettrone e il campo elettromagnetico. Lo scienziato dimostrò invece che era il risultato dell'aumento della massa dell'elettrone.

L'ENERGIA CINETICA

L'energia del movimento, detta energia cinetica, è espressa dall'equazione:

$$KE = \frac{1}{2} mv^2$$

Ciò significa che l'energia cinetica di un oggetto è uguale alla metà della sua massa moltiplicata per la velocità al quadrato. Questa formula è utile per le comuni velocità "lente", ma più ci si avvicina alla velocità della luce più diventa inaccurata perché m, la massa, comincia ad aumentare.

Un oggetto in movimento aumenta di massa e, poiché si muove, ha energia cinetica. Rallentando, un oggetto in movimento perde energia cinetica. Ovviamente la massa di un oggetto non può essere zero. La minima massa di un oggetto è detta massa a riposo, mentre la sua massa in movimento è detta massa relativistica.

E INFINE: $E = mc^2$

Se un oggetto si muove a una velocità simile alla velocità della luce, allora ogni forza che agisce su esso (e che impartisce energia e quantità di moto) farà sì che aumenti di massa, perché non potrà accelerare ulteriormente. Abbiamo visto come l'energia guadagnata sia uguale alla forza moltiplicata

COS'È LA MASSA?

La massa è la quantità di materia contenuta in un corpo. Si può calcolare la massa misurando il peso, che è la massa gravitazionale. Un sacco di patate da 10 kg ha certamente una massa superiore a un sacco da 5 kg, ma un sacco di patate da 10 kg sulla Luna peserà soltanto circa 1,6 kg, pur contenendo lo stesso numero di patate che sulla Terra. La massa, cioè, sarà identica. La massa è inoltre un'unità di misura della quantità d'inerzia, o resistenza al movimento, che ha un oggetto, ovvero la sua massa inerziale.

Con l'equazione di Newton:

forza = massa x accelerazione (F = ma)

si può stabilire la massa di un oggetto dalla quantità di forza che si deve esercitare per farlo muovere.

---

per la distanza attraverso la quale agisce la forza. Ipotizziamo a solo fine esplicativo di limitare il nostro studio a un intervallo di tempo dato, nel quale le particelle si muovano a una velocità prossima alla velocità della luce.

In tal caso (e solo in tal caso) potremmo arrivare a dire, per quanto con una certa forzatura, che la distanza che l'oggetto percorre in queste condizioni è simile a quella che percorre la luce nello stesso intervallo di tempo. E arrivare a scriverlo con l'equazione:

E = forza x c
(dove E = energia e c = velocità della luce)

Che indica cioè lo scambio di energia nell'unità di tempo.

Ricordiamo ancora una volta come questa spiegazione sia una semplificazione finalizzata a una qualche comprensione della formula anche da parte di chi non ha conoscenze di fisica; ma che comunque rispetta il limite superiore della velocità della luce, implicito nell'equazione di Maxwell ed evidenziato dalla relatività speciale di Einstein.

Poiché la quantità di moto è uguale alla massa moltiplicata per la velocità e la velocità è invariata nel tempo in cui agisce la forza, la massa deve aumentare mentre la velocità rimane simile a quella della luce. Possiamo quindi rappresentarlo così:

Forza = m x c
(dove m = massa)

Combinando queste due equazioni si ottiene:

E = forza x c = (m x c) x c

Che può essere così semplificata:

$E = mc^2$

DUE FACCE DELLA STESSA MEDAGLIA

L'equazione di Einstein dice che energia e massa sono la stessa cosa. Se un oggetto guadagna o perde massa o energia, guadagna o perde una quantità di energia o massa equivalente in accordo con la relazione di proporzionalità data da $E = mc^2$.

Questa relazione vale anche per forme di energia diverse da quella cinetica? Per esempio, la massa di un corpo diminuisce quando si raffredda?

La risposta è sì: la temperatura è una misura della velocità alla quale si muovono gli atomi e le molecole che compongono una sostanza; perciò, secondo $E = mc^2$, più si muovono velocemente più aumenteranno di massa.

Einstein era convinto che la sua formula avrebbe spiegato la curiosa scoperta della fisica polacca Marie Curie, che aveva osservato che un'oncia (28 g) di radio radioattivo generava 4000 calorie di calore ogni ora, apparentemente all'infinito. Lo scienziato si domandava da dove venisse questa energia. Secondo Einstein il radio, emanando calore, doveva anche perdere massa. Ma gli strumenti disponibili all'epoca non erano abbastanza accurati per rilevare la minuscola quantità di massa che si trasformava in energia, e non c'era modo di verificare la spiegazione di Einstein. Egli scrisse: "L'idea è divertente e intrigante, ma è possibile che Dio onnipotente si stia prendendo gioco di me e rida di gusto".

Anni dopo, nel 1948, Einstein spiegò l'equivalenza di massa ed energia:

> *Era evidente conseguenza della teoria della relatività speciale che massa ed energia non fossero altro che diverse manifestazioni della stessa [...] Inoltre, l'equazione $E = mc^2$, nella quale l'energia è indicata come uguale alla massa, moltiplicata per la velocità della luce alla potenza di due, mostrò che piccole quantità di massa possono essere convertite in grandi quantità di energia e viceversa. Infatti, massa ed energia erano, secondo la formula indicata prima, equivalenti.*

La velocità della luce è un numero molto grande; e alla potenza di due è un numero davvero gigantesco. Se fosse possibile convertire anche una piccolissima quantità di materia in energia, il risultato sarebbe enorme. Il fisico Richard Wolfson calcolò che l'energia immagazzinata in un acino d'uva passa è quasi sufficiente per alimentare la città di New York per un giorno.

CAPITOLO 12

COME HA FATTO EINSTEIN A INCORPORARE LA GRAVITÀ NELLA RELATIVITÀ?

LA RELATIVITÀ SPECIALE ERA SOLO L'INIZIO, EINSTEIN DOVEVA TROVARE IL MODO DI INCLUDERE LA GRAVITÀ NEI SUOI CALCOLI

Con la teoria della relatività speciale Einstein concentrò i suoi sforzi esclusivamente su oggetti che si muovevano in modo uniforme. Decise di ignorare gli oggetti in accelerazione e quelli che subivano l'effetto della gravità. La ragione era che questo rendeva i calcoli molto più semplici. In un articolo sul giornale *The Times* del 28 novembre 1919, scrisse:

> *La teoria della relatività somiglia a un edificio di due piani separati, la teoria speciale e la teoria generale. La teoria speciale, sulla quale poggia la teoria generale, si applica a tutti i fenomeni fisici a eccezione della gravità; la teoria generale fornisce la legge di gravitazione e le sue relazioni con le altre forze della natura.*

Ci vollero sette anni di duro lavoro affinché Einstein riuscisse a formulare la teoria generale. Il fisico Dennis Overbye definì questo traguardo "probabilmente la prova di genio e tenacia più straordinaria, da parte di un solo uomo, nella storia della fisica". Il risultato fu un'idea dell'universo completamente diversa da tutte quelle che l'avevano preceduta.

IL DILEMMA DELLA GRAVITÀ

La relatività speciale si basava sul fatto che la luce fosse la cosa più veloce nell'universo, ma questo era in netta contraddizione con le idee di Newton circa il funzionamento della gravità. Secondo Newton gli effetti della gravità erano percepiti istantaneamente: questo significa che, che sia la forza di attrazione che il Sole esercita sulla Terra, la traiettoria di una sonda spaziale diretta alla volta di Plutone o un paracadutista in caduta libera verso la Terra, la gravità agisce con effetto immediato, propagandosi attraverso lo spazio a una velocità che sembra superiore a quella della luce.

E che, se il Sole dovesse scomparire, la Terra schizzerebbe fuori dalla sua orbita immediatamente, senza aspettare otto minuti per entrare nel cono di luce del Sole.

Ma se Einstein ha ragione, questo non è possibile.

La legge universale della gravità di Newton era stata supportata ripetutamente da esperimenti e osservazioni. Come faceva quindi la gravità a far sentire la propria influenza? Ovviamente si trattava di una forza che agisce a distanza, senza bisogno di contatto fisico per funzionare. Inoltre, a differenza di altre forze, non c'era modo di proteggersi dai suoi effetti. Era una legge che spiegava come calcolare gli effetti della gravità, ma non ne chiariva l'origine. Ricorrendo così a una sorta di "scaricabarile", Newton scriveva nei *Principia*: "Affido questo problema all'attenta riflessione del lettore".

L'ACCELERAZIONE

Come ha mostrato Einstein, se siete in uno stato di moto uniforme è impossibile dimostrare che vi stiate davvero muovendo. Il movimento accelerato è tutta un'altra cosa. Se cambiate velocità o direzione lo percepite. Non c'è bisogno di guardare fuori dal finestrino per sapere che il treno su cui viaggiate ha preso una curva, perché vi sentirete inclinati di lato. Allo stesso modo, quando un aeroplano prende la rincorsa sulla pista prima di decollare vi sentirete schiacciati contro lo schienale del sedile. Senza l'aiuto di indizi visivi potete dire quando un ascensore si è messo in movimento.

Quando acceleriamo percepiamo le forze inerziali, cioè le forze che si oppongono a un cambiamento di velocità o direzione. Sono quelle forze che ci sballottano contro un lato del treno quando imbocca una curva; e sono le stesse che ci proiettano in avanti quando il bus sul quale viaggiamo inchioda di colpo.

UNO, DUE, TUTTI GIÙ PER TERRA

Con il suo leggendario esperimento sulla torre di Pisa, Galileo dimostrò che una grossa pietra impiega per raggiungere il suolo lo stesso tempo di un sassolino. Il motivo è che le due pietre accelerano allo stesso ritmo, e questo vale a prescindere dalle differenze di massa. Galileo non fu capace di spiegare il perché, ma Newton lo fece con la sua seconda legge del moto: *forza = massa x accelerazione.*

L'accelerazione di un oggetto che cade sulla Terra è sempre la stessa: 9,8 m/s (questo non vale per gli altri pianeti). L'idea che la gravità attiri tutti gli oggetti con la stessa accelerazione a prescindere dalla loro composizione è chiamata "universalità della caduta libera" o "principio di equivalenza". Einstein costruì la sua teoria della gravità sull'assunto della validità del principio di equivalenza. Questo perché due grandezze della teoria di Newton, la massa inerziale di un corpo e la sua massa gravitazionale, coincidevano esattamente. Per Einstein non poteva trattarsi di un caso. Per arrivare a una teoria convincente della gravità era obbligato a spiegare questo fenomeno.

IL PENSIERO PIÙ FELICE DI EINSTEIN

In quello che poi chiamò il suo "pensiero più felice", probabilmente nel novembre 1907, Einstein giunse alla conclusione che gravità e accelerazione fossero equivalenti, cioè che, in mancanza di un sistema di riferimento, era impossibile distinguere l'una dall'altra. Nel 1922, durante una lezione tenuta a Kyoto, in Giappone, disse:

> *Ero seduto su una sedia nell'Ufficio Brevetti a Berna quando ebbi un pensiero fulminante: se una persona cade liberamente non sentirà il proprio peso. Ero stupefatto. Questo semplice pensiero mi colpì nel profondo. Mi spinse verso una teoria della gravità.*

Vi dovesse capitare l'estrema sfortuna di trovarvi su un ascensore all'ultimo piano di un grattacielo nel momento in cui il cavo che lo sostiene si spezza, comincereste immediatamente la precipitosa discesa verso un tragico destino. Avreste però probabilmente il tempo di osservare alcuni fenomeni intriganti. I vostri piedi non presserebbero più contro il pavimento dell'ascensore. Se decideste di saltare, non ricadreste. La gravità sembrerebbe non esistere più. Non c'è esperimento che possa dirvi in maniera conclusiva se vi state dirigendo verso il suolo o galleggiando liberamente nello spazio profondo, lontano da ogni forza gravitazionale. Se chiudeste gli occhi (come fareste probabilmente), potreste immaginarvi come astronauti liberi da ogni peso. Per l'astronauta e per il passeggero dell'ascensore che precipita al suolo, le leggi della fisica sono le stesse.

EINSTEIN IN UNA SCATOLA

In un altro dei suoi famosi esperimenti mentali, Einstein immaginò un fisico che si sveglia in una scatola. Il fisico non lo sa, ma la scatola ha lasciato la Terra e si trova nello spazio profondo e in uno stato di moto uniformemente accelerato.

Se il fisico rilasciasse degli oggetti nella scatola, la loro inerzia li farebbe cadere verso il "fondo", cioè nella direzione opposta a quella in cui la scatola si sta muovendo. Tutti gli oggetti fatti cadere dal fisico cadrebbero esattamente alla stessa maniera, senza distinzione di massa e composizione, in conformità con le teorie di Galileo e Newton.

Perciò il fisico ne dedurrebbe che all'interno della scatola c'è un campo gravitazionale operante.

Einstein affermò che, in effetti, c'era davvero un campo gravitazionale. Formulò un principio di equivalenza che affermava che gli effetti dell'accelerazione uniforme sono indistinguibili dagli effetti della gravità. L'accelerazione crea un campo gravitazionale. Secondo il principio di equivalenza di Einstein, il fisico dentro la scatola riterrebbe di trovarsi in un campo gravitazionale e non in uno stato di moto accelerato, ma un osservatore vedrebbe la scatola accelerare uniformemente attraverso uno spazio privo di gravità. Le due prospettive sono ugualmente valide. È per questo che massa inerziale e massa gravitazionale sono uguali.

LO SPOSTAMENTO VERSO IL ROSSO

Per il principio di equivalenza di Einstein, la lunghezza d'onda della radiazione elettromagnetica si allungherà uscendo da un pozzo gravitazionale. Questo fenomeno è chiamato "spostamento verso il rosso gravitazionale".

Grazie a $E = mc^2$ di Einstein e alla legge $E = hf$ di Planck, che mette in relazione l'energia della luce con la sua frequenza, appare ovvio che un fotone, uscendo da un campo gravitazionale, dovrà perdere energia. Poiché i fotoni viaggiano sempre alla velocità della luce, questa perdita di energia si traduce in una riduzione della frequenza piuttosto che della velocità; e ciò corrisponde a uno "spostamento verso il rosso", verso l'estremità dello spettro a bassa frequenza e a lunghezza d'onda più lunga.

Un'altra conseguenza dello spostamento verso il rosso è il rallentamento del tempo. Se indirizziamo un raggio di luce dalla superficie della Terra verso un osservatore che si trova in quota sopra di essa, questi noterà un abbassamento della sua frequenza, che significa che l'intervallo tra una cresta d'onda e l'altra è diventato più lungo. Dal punto di vista dell'osservatore ad alta quota, sulla Terra tutto sembrerà accadere al rallentatore. Questa previsione della relatività generale fu verificata nel 1962, quando due accuratissimi

LA *VOMIT COMET*

La NASA usa per l'addestramento dei suoi astronauti un velivolo modificato che vola seguendo una traiettoria parabolica in caduta libera. Così, per circa venti secondi, gli astronauti possono fare un'esperienza simile alla mancanza di gravità. L'aeroplano è conosciuto come la *Weightless Wonder* o la *Vomit Comet* ("Cometa del Vomito"), perché l'assenza di gravità può provocare un senso di nausea. Il velivolo può compiere da 40 a 60 parabole nel corso di un volo sperimentale. Per prima cosa, il pilota porta l'aeroplano in quota a un angolo di 45°, poi rallenta i motori e abbassa il muso per completare la parabola in caduta libera. Quando l'aereo ritorna in posizione orizzontale, l'equipaggio percepirà una forza doppia rispetto alla gravità normale.

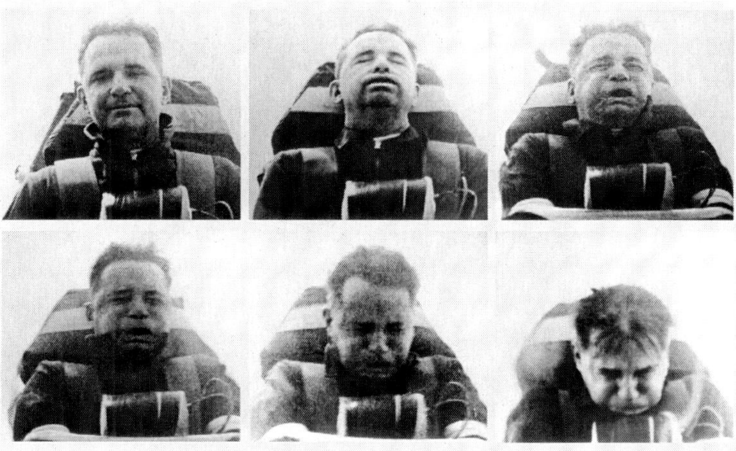

Il colonnello John Strapp si sottopone a un test ad alta accelerazione.

orologi atomici furono posti uno in cima e uno in fondo a una torre. Quello ai piedi della torre, posto a una maggiore profondità nel pozzo gravitazionale terrestre, andava più lentamente rispetto a quello che si trovava in cima alla torre.

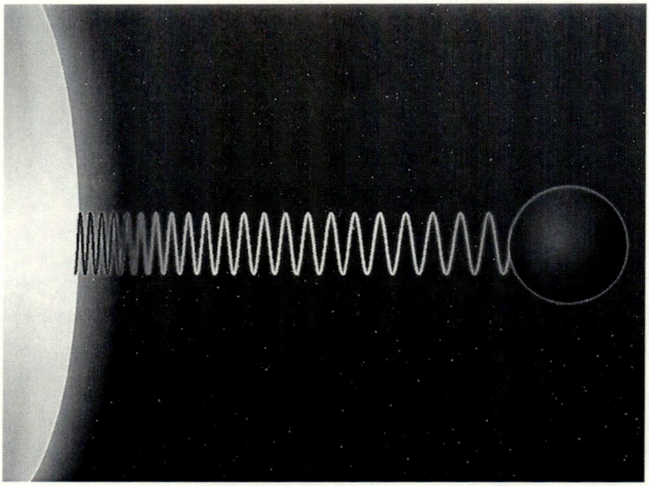

Spostamento verso il rosso gravitazionale.

LA SOLUZIONE DEL PARADOSSO DEI GEMELLI

Abbiamo già parlato del paradosso dei gemelli, in base al quale chi viaggia su un'astronave a una velocità simile a quella della luce ritorna a casa e scopre di essere più giovane del fratello rimasto sulla Terra. Il gemello nell'astronave ha dovuto accelerare per avvicinarsi alla velocità della luce (e decelerare per rallentare, svoltare, e tornare indietro). L'accelerazione equivale alla gravità e, come abbiamo visto, la gravità rallenta il tempo. Ne consegue logicamente che anche l'accelerazione rallenti il tempo. Il viaggiatore interspaziale invecchia più lentamente rispetto al fratello perché, a differenza sua, accelerava. Ancora una volta, questa è la dimostrazione che nella relatività non esiste il tempo assoluto: il tempo è qualcosa di soggettivo, la cui misura dipende da dove siamo e da come ci stiamo muovendo.

LA LUCE S'INCURVA, IL TEMPO RALLENTA

Einstein si rese conto che un effetto del principio di equivalenza era che la traiettoria di un raggio di luce veniva incurvata dall'azione della gravità. Immaginate un fotone che percorre la scatola del fisico mentre questa accelera attraverso lo spazio. Mentre il fotone attraversa la scatola il pavimento sta accelerando verso l'alto, quindi il fotone pare cadere verso il basso.

Un'altra conseguenza del principio di equivalenza è che in un campo gravitazionale il tempo rallenta. Questo fenomeno, detto "dilatazione temporale gravitazionale", fa sì che osservatori posti a distanze diverse da un grande oggetto (che produce un campo gravitazionale) otterranno risultati diversi misurando l'intervallo di tempo tra due eventi. Questa è una diretta conseguenza del fatto che un osservatore che si trova fuori dalla scatola (quindi fuori dal campo gravitazionale) vede il fotone percorrere una traiettoria dritta, mentre il fisico dentro la scatola vede il fotone seguire una traiettoria più lunga e ricurva. Poiché la velocità della luce è sempre la stessa, l'orologio del fisico deve essere più lento affinché le due traiettorie impieghino lo stesso tempo.

Al principio di equivalenza Einstein aggiunse il principio di relatività, il quale afferma che le leggi della fisica in qualsiasi sistema di riferimento sono governate dalla teoria della relatività speciale. Queste erano le basi sulle quali Einstein costruì la sua teoria della relatività generale, che estese il concetto di spazio-tempo alla totalità della fisica, e in particolare alla teoria della gravità.

CAPITOLO 13

QUALE DEFINIZIONE DÀ EINSTEIN DELLA GRAVITÀ?

PER SECOLI SI È CREDUTO CHE LA GRAVITÀ FOSSE LA FORZA DI ATTRAZIONE TRA DUE OGGETTI. PER EINSTEIN INVECE ERA UNA DISTORSIONE DELLA STRUTTURA STESSA DELLO SPAZIO-TEMPO

Qual è l'influenza della gravità sullo spazio-tempo? L'idea centrale nella teoria della relatività generale è che essa non sia una forza che agisce tra due oggetti, bensì il risultato di una distorsione dello spazio-tempo derivata dagli oggetti che si trovano al suo interno.

Più un oggetto è grande, più lo spazio-tempo curva attorno a esso.

LA GRAVITÀ E LE FORZE DI MAREA

Immaginate due astronavi che viaggino alla stessa velocità l'una rispetto all'altra lungo traiettorie parallele attraverso uno spazio vuoto. Posto che non subiscano l'azione di nessuna forza, il loro percorso seguirà una linea retta.

Adesso immaginate che più avanti ci sia un pianeta. Secondo Newton, la sua gravità eserciterà una forza che devierà il percorso delle astronavi, facendo convergere le loro traiettorie. Questo perché entrambe sarebbero attirate dal centro di gravità del pianeta, muovendosi perciò in direzione dello stesso punto nello spazio.

È questa differenza di direzione che provoca la diminuzione della distanza tra le due astronavi. I fisici la chiamano "forza di marea", perché è proprio lo scarto della forza gravitazionale della Luna sulla Terra e sui suoi oceani che causa l'innalzamento e l'abbassamento delle maree.

Le forze di marea ci mostrano anche che la gravità non è mai completamente "disattivata", neanche in caduta libera. Un oggetto di grandezza umana in caduta libera verso la Terra subirà l'azione di una forza di marea perché i piedi dell'oggetto, più vicini al suolo, subiranno un'attrazione gravitazionale leggermente maggiore rispetto alla testa dell'oggetto, più distante dal centro di gravità.

La differenza, per quanto insignificante, esiste.

LE SUPERFICI CURVE

Conosciamo bene la geometria delle superfici piane. La somma degli angoli di un triangolo equivale sempre a 180°, due linee parallele non potranno mai incontrarsi... e via dicendo. Ma c'è un modo in cui due rette parallele possono incontrarsi.

Anche la superficie di una sfera è una superficie piana. Non ci sono linee rette su una sfera, né su qualsiasi tipo di superficie curva, ma possiamo realizzare linee più rette possibili, chiamate dai matematici "geodetiche". Nel caso della sfera la distanza più breve tra due punti si troverà lungo il percorso di un cerchio massimo, i cerchi più ampi che possono essere disegnati su quella superficie. Le rotte dei voli commerciali seguono gli archi di cerchio massimo per assicurarsi di seguire la traiettoria di volo più breve tra due aeroporti.

Immaginate adesso, al posto di un'astronave, due rincopidi (uccelli pescatori) che viaggiano in parallelo verso nord a velo-

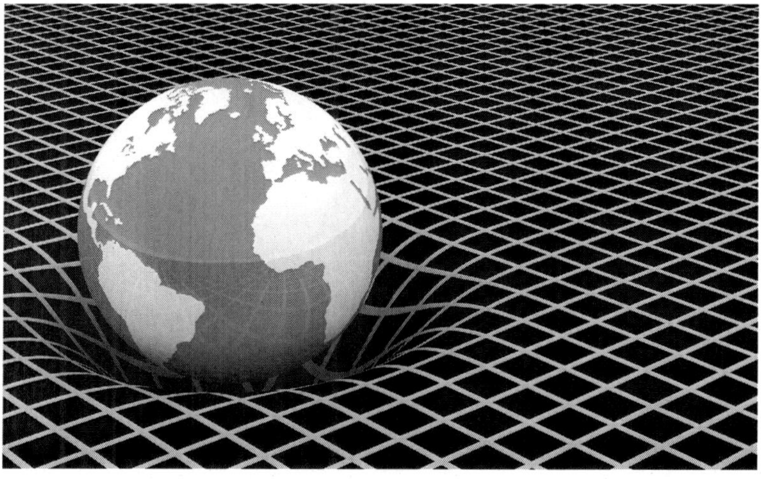

cità supersonica, dall'equatore al polo nord. Pur non modificando la rotta, finiranno per entrare in collisione all'altezza del polo nord. E questo accadrà non perché hanno subito l'azione di una forza, ma perché viaggiando lungo la superficie ricurva di una sfera le loro rotte dovranno necessariamente incontrarsi.

Per capirne il motivo, possiamo costruire un triangolo sulla superficie della sfera usando tre linee geodetiche che s'intersecano. La base del triangolo poggia sull'equatore e rappresenta la distanza tra i due rincopidi. I due angoli sull'equatore sono entrambi retti, così all'inizio le traiettorie di volo sono parallele. Ma le traiettorie convergono all'estremità del triangolo che coincide col polo nord. La somma degli angoli del triangolo sarà superiore a 180°.

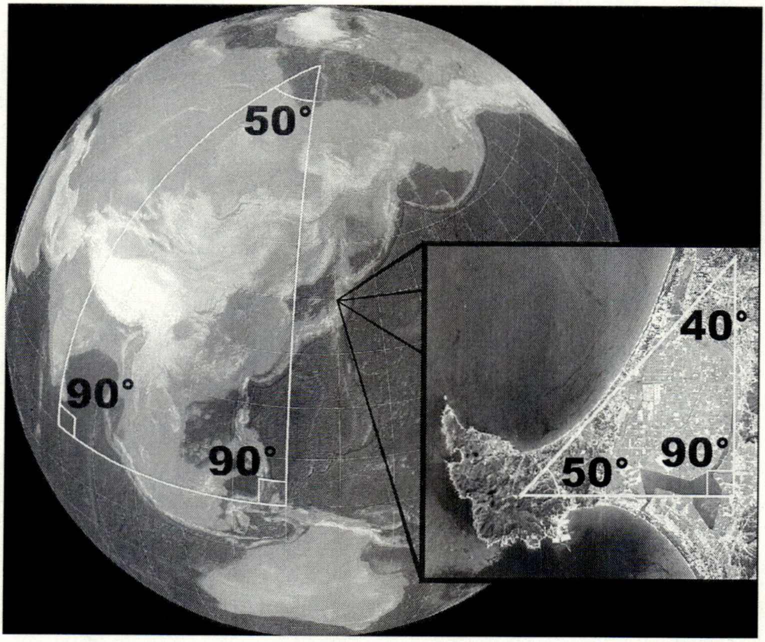

È solo guardando a regioni più vaste della sfera che la curvatura della superficie diventa apparente. Potete camminare tutto il giorno senza avere l'impressione di procedere lungo la superficie di una sfera, ma se vi trovaste a una dozzina di chilometri dalla superficie potreste osservare la curvatura della Terra. Lo stesso vale per ogni superficie ricurva: una sezione, se abbastanza piccola, è indistinguibile da una superficie piana.

LO SPAZIO-TEMPO RICURVO

Einstein ha paragonato questa proprietà della curvatura con il modo in cui funziona la gravità. Per una piccolissima sezione dello spazio-tempo (per esempio un fisico che galleggia liberamente all'interno di una scatola che viaggia in moto rettilineo uniforme) non c'è gravità. L'interno della scatola obbedisce alle leggi dello spazio-tempo della relatività speciale, nella quale la gravità è assente. Questo è analogo alla superficie piana, e le leggi che governano il moto sono piuttosto semplici. Fino a quando nessuna forza agisce su un oggetto, esso continuerà a muoversi in linea retta a velocità costante, seguendo una traiettoria rettilinea attraverso lo spazio-tempo.

Immaginiamo di inserire in questo scenario la gravità, mettendo per esempio un grande pianeta sulla traiettoria del fisico nella scatola. Secondo Newton il pianeta eserciterebbe una forza su tutti gli oggetti che lo circondano. Lo sventurato fisico comincerebbe a percepire i primi effetti dell'accelerazione nel momento in cui la sua traiettoria iniziasse a curvare in direzione del pianeta.

Nella sua teoria della gravità Einstein ha visto le cose in modo diverso. Una massa, invece di esercitare una forza, causa una distorsione dello spazio-tempo. Lo spazio-tempo della relatività speciale, vuoto, è piatto. Ma ovunque c'è materia lo spazio-tempo è curvo. Proprio come sulla superficie di una sfera, nello spazio-tempo ricurvo, non ci sono linee rette. Come su una sfera, nello spazio-tempo ricurvo quanto di più simile a una linea retta è una retta geodetica, una curva che è più dritta possibile. Il fisico che viaggia verso il pianeta non è stato deviato dalla sua traiettoria dritta, ma la presenza del grande pianeta che ha distorto lo spazio-tempo ha cambiato la forma che può assumere una linea retta. Il pianeta ha ridefinito la geometria dello spazio-tempo. Per la relatività generale un oggetto segue una retta geodetica attraverso lo spazio-tempo, ma dalla nostra prospettiva tridimensionale la traiettoria appare curva.

La Terra crea un'alterazione dello spazio-tempo, facendolo curvare intorno a sé. La Luna segue un percorso diritto attraverso lo spazio-tempo curvato dalla Terra, che per noi appare come un'orbita circolare intorno alla Terra. Il fatto che un oggetto descriva un'orbita ellittica non ha nulla a che vedere con la curvatura dello spazio-tempo derivata dalla sua massa. La relatività generale predice che i raggi di luce saranno deviati dai campi gravitazionali, perché anche la luce segue rette geodetiche attraverso lo spazio-tempo. La deviazione della luce da parte della gravità era, come vedremo, una delle prime conferme che la teoria di Einstein era corretta.

UN BALLO AL RITMO DELLO SPAZIO-TEMPO

Questa è la base della teoria di Einstein. La gravità di Newton è una forza che agisce sugli oggetti e influenza il loro movimento, ma nell'universo di Einstein la gravità è il risultato dello spazio-tempo curvo, una distorsione della geometria dello spazio-tempo. Gli oggetti continuano a seguire il percorso più dritto possibile attraverso lo spazio-tempo, ma poiché adesso lo spazio-tempo è curvo, questi accelerano come se subissero l'influenza di una forza gravitazionale.

Nell'universo di Einstein, materia e spazio-tempo interagiscono tra loro come in una danza complessa e in continua evoluzione. La materia distorce la geometria dello spazio-tempo e questa geometria distorta impone il modo in cui la materia si muove al suo interno. Mentre la materia si muove e le sorgenti della gravità cambiano di posizione, le curve svolazzanti dello spazio-tempo salgono e scendono. Come riassunse bene il fisico John Archibald Wheeler:

> *Lo spazio-tempo dice alla materia come muoversi; la materia dice allo spazio-tempo come curvarsi.*

LE ONDE GRAVITAZIONALI

Una delle previsioni della relatività generale è che dovrebbe verificarsi un fenomeno detto "onde gravitazionali": ondulazioni nello spazio-tempo causate da perturbazioni particolarmente intense.

Le equazioni di Einstein mostrarono che eventi cataclismici, come la collisione di due buchi neri o l'esplosione di una gigantesca supernova, sarebbero come enormi rocce che cadono nello stagno dello spazio-tempo generando onde di spazio distorto che attraversano l'universo alla velocità della luce.

Benché l'esistenza di onde gravitazionali sia stata ipotizzata nel 1916, per la prova della loro esistenza si dovettero aspettare venti anni dopo la morte di Einstein. Nel 1974 gli astronomi dell'osservatorio di Arecibo, in Portorico, scoprirono una pulsar binaria, cioè due stelle estremamente dense e pesanti in orbita tra loro. Sapendo di poter usare questo sistema per mettere alla prova l'ipotesi di Einstein, ne fecero l'oggetto di attente osservazioni. Otto anni di meticolosa raccolta dati rivelarono che le pulsar si stavano avvicinando l'una all'altra esattamente alla velocità ipotizzata dalla relatività generale. Dopo più di quanarnt'anni di rigoroso monitoraggio, le modifiche osservate nelle orbite delle pulsar sono così tanto in linea con la gravità generale che i ricercatori sono certi che il sistema emetta onde gravitazionali.

Fino al settembre 2015 tutte le conferme dell'esistenza di onde gravitazionali erano state indirette, oppure determinate a livello matematico, ma non c'era ancora stata nessuna prova fisica. Il 14 settembre di quell'anno il Laser Interferometer Gravitational-Wave Observatory (LIGO), negli USA, rilevò per la prima volta onde gravitazionali. Erano state generate dalla collisione di due buchi neri a quasi 1,3 miliardi di anni luce di distanza: anche se causate da eventi di estrema violenza, la distorsione si attenua data l'enorme distanza della sorgente. Quando le onde gravitazionali rilevate da LIGO sono giunte sulla Terra, il grado d'increspatura spazio-temporale che avevano generato era molto più piccolo del nucleo di un atomo. La scoperta ha però aperto una finestra completamente nuova sull'universo. Il team LIGO ha collaborato per anni con il team Virgo, con base in Italia, per arrivare a questo risultato straordinario. LIGO e Virgo sono un trionfo d'ingegno e tecnica ingegneristica. I loro esperimenti sono formati da tre rivelatori: due negli USA, a 3000 km di distanza, e il terzo vicino a Pisa. Ognuno è formato da due immense camere a vuoto disposte a forma di L, lunghe 4 km (LIGO) e 3 km (Virgo). Questi strumenti possono misurare un moto 10.000 volte più piccolo di un nucleo atomico: mai prima di allora è stata tentata una misurazione così accurata. È come misurare la distanza dalla stella più vicina con un margine di errore uguale allo spessore di un capello.

CAPITOLO 14

COME HA FATTO UN'ECLISSI A PROVARE CHE EINSTEIN AVEVA RAGIONE?

LE OSSERVAZIONI ASTRONOMICHE DI ARTHUR EDDINGTON DURANTE UN'ECLISSI TOTALE DI SOLE CONFERMARONO CHE LE EQUAZIONI DELLA RELATIVITÀ DI EINSTEIN ERANO CORRETTE

Nell'autunno del 1919 Pauline Einstein ricevette una cartolina da suo figlio. Cominciava così:

> *Cara Mamma, oggi porto buone notizie. H.A.Lorentz ha comunicato via telegramma che le spedizioni inglesi sono riuscite di fatto a dimostrare la deflessione della luce dal Sole.*

Quando Einstein, nel 1907, espose per la prima volta il suo principio di equivalenza e predisse la curvatura della luce, credeva che l'effetto sarebbe stato così piccolo da non poter essere misurato. Le sue prime ipotesi circa la curvatura della luce erano in linea con quanto lo stesso Newton avrebbe ipotizzato basandosi sulla sua legge gravitazionale e sulla convinzione che la luce fosse un flusso di particelle. Ma la soluzione di Einstein era sbagliata.

A quel punto, Einstein non aveva ancora scoperto che lo spazio-tempo era curvo e che questo avrebbe avuto un effetto sulla curvatura del raggio di luce. Fu solo nel 1915 che, in base alla sua teoria della relatività generale, si rese conto che il raggio di luce in prossimità del Sole si sarebbe piegato per una misura doppia rispetto a quella calcolata inizialmente nel 1907. È stata forse una fortuna che non ci siano state occasioni di mettere alla prova questa idea di Einstein prima che lui stesso apportasse tale correzione. Nel 1912 una spedizione scientifica che aveva lo scopo di osservare un'eclissi in Brasile aveva previsto tra le sue missioni quella di misurare la deflessione della luce, ma il maltempo impose di rinunciare. Nell'estate del 1914 una seconda spedizione si mise in viaggio verso la Crimea per osservare un'eclissi, ma lo scoppio della Prima guerra mondiale la costrinse a tornare sui suoi passi.

A quel punto, data la netta differenza tra le ipotesi basate sulla relatività generale di Einstein e quelle della fisica newtoniana, sarebbe stato possibile scoprire chi dei due aveva ragione, ma fu necessario rimandare nuove osservazioni a dopo la fine del conflitto mondiale. Si tentò di trovare le tracce delle previste deflessioni della posizione delle stelle nello sfondo delle fotografie di eclissi precedenti, ma senza successo. Einstein aspettava con impazienza il momento in cui la sua teoria sarebbe stata comprovata. Nel 1916 scrisse un libro per spiegare la relatività a un pubblico più ampio:

> *L'esame della correttezza o meno di questa teoria è un problema della più grande importanza, la cui rapida soluzione dipende dagli astronomi.*

Nel settembre 1919 due spedizioni britanniche riuscirono finalmente a ottenere il risultato che lo scienziato tedesco aveva tanto atteso.

LE SPEDIZIONI DEL 1919

L'astronomo inglese Sir Arthur Eddington era a capo di una spedizione nell'isola di Principe, al largo della costa dell'Africa Occidentale, in occasione dell'eclissi totale del 29 maggio 1919. A Sobral, in Brasile, una seconda spedizione fu condotta da Andrew Crommelin, dell'Osservatorio Reale di Londra.

Nel 1916 Eddington aveva avuto la fortuna di entrare in possesso di una copia della teoria di Einstein. Diventò un sostenitore entusiasta della relatività, e insieme all'astronomo reale Sir Frank Dyson escogitò un piano per verificare la validità della teoria di Einstein.

Le stelle sono esclusivamente visibili di notte perché, durante il giorno, la loro già debole luce è smorzata dalla radiosità del Sole. Durante un'eclissi totale invece, quando la Luna

Sir Arthur Eddington.

blocca la luce proveniente dal Sole, le stelle diventano visibili. La teoria di Einstein ipotizzava che la traiettoria della luce di una stella che, dirigendosi verso la Terra, passava in prossimità del Sole, sarebbe stata deflessa dallo spazio-tempo curvo intorno al Sole. Da questo deriverebbe l'impressione del cambiamento di posizione della stella, che poteva essere messo a confronto con la sua vera posizione, conosciuta grazie alle osservazioni effettuate di notte.

L'angolo di deflessione che Eddington e Dyson cercavano di individuare era davvero molto piccolo, come il diametro di una monetina vista a 3 km di distanza, però era un obiettivo raggiungibile anche con la tecnologia a disposizione allora.

Le due spedizioni partirono da Liverpool nel marzo 1919; un gruppo si diresse verso il Brasile, l'altro verso Principe. La mattina dell'eclissi cadeva su Principe una fitta pioggia e sembrava impossibile compiere l'osservazione prevista. Durante la mattinata il cielo sembrò aprirsi, ma mentre l'eclissi totale si avvicinava, le ultime nuvole minacciavano di vanificare le osservazioni. Eddington riferì che, occupato com'era a cambiare le lastre nella sua macchina fotografica, rivolse all'eclissi non più di un paio di occhiate. Il suo timore era che la nuvola interferisse con le immagini della stella.

L'equipe di Sobral trovò condizioni migliori. Per scoprire quale teoria fosse quella giusta, quella di Einstein o quella di Newton, le lastre fotografiche di entrambe le spedizioni avrebbero dovuto essere sviluppate ed esaminate attentamente. Una delle fotografie dal Brasile sembrava dare ragione a Einstein; un'altra, invece, a Newton.

Le lastre fotografiche di Eddington mostravano meno stelle, ma quello che si poteva discernere sembrava convalidare il pensiero di Einstein. Eddington stabilì che il risultato brasiliano, che avvalorava la teoria di Newton, fosse dovuto a un'attrezzatura difettosa e dichiarò vincente la posizione di Einstein.

Poco dopo aver ricevuto la notizia da Eddington, Einstein aveva incontrato una sua studentessa, Ilse Schneider, che gli chiese cosa avrebbe fatto se le osservazioni avessero confutato la sua teoria. La celebre risposta di Einstein fu: "In quel caso avrei avuto pena per il Signore; la teoria è corretta".

LO SPAZIO CURVO

Il 7 novembre 1919 nel Regno Unito l'edizione del giornale "The Times" conteneva titoli memorabili a pagina 11: *L'armistizio e i termini del trattato*, *Francia devastata* e *Crimini di guerra contro la Serbia*. A pagina 12 c'erano altre notizie sulla fine del primo conflitto mondiale, tra cui: *Osservanza del giorno dell'armistizio / Due minuti di pausa dal lavoro.*

Ma il lettore che si fosse spinto fino alla sesta colonna, si sarebbe imbattuto in una notizia epocale di tutt'altro genere: *Rivoluzione scientifica / Nuova teoria dell'universo / Idee newtoniane liquidate.*

E là, a metà della colonna, un sottotitolo che dovette creare non poca confusione: *Spazio curvo.*

Sullo stesso giornale, il 28 novembre, Einstein scrisse:

> *Applicando la teoria della relatività ai gusti dei lettori, in Germania oggi sono considerato uno scienziato tedesco, e in Inghilterra un ebreo svizzero. Se un domani diventassi una bestia nera detestata da tutti, i termini s'invertirebbero, e sarei un ebreo svizzero per i tedeschi e uno scienziato tedesco per gli inglesi!*

Einstein con Arthur Eddington nel 1930.

Alla luce di quello che accadde successivamente in Germania, queste sue parole paiono stranamente premonitrici.

UN MESSAGGIO DA MERCURIO

L'astronomia ha contribuito a dimostrare la validità della teoria generale. Un problema di lunga data che tormentava gli astronomi era che l'orbita di Mercurio, il pianeta più vicino al Sole, non potesse essere ragionevolmente spiegata con le equazioni di Newton.

Orbitando attorno al Sole, i pianeti seguono una traiettoria ellittica; questo è stato stabilito da Giovanni Keplero nel 1609 e spiegato da Newton circa cinquant'anni più tardi.

Una traiettoria ellittica comporta che il pianeta abbia un punto di massima vicinanza al Sole; questo è detto il "perielio" (il punto più lontano dal Sole lungo l'orbita del pianeta è detto "afelio"). Il perielio non si trova sempre allo stesso punto in ogni orbita, ma si muove lentamente intorno al Sole.

Il motivo di questo è l'attrazione che i pianeti esercitano tra loro (un effetto che Newton aveva intuito). Questa modifica nella rotazione dell'orbita del pianeta è chiamata "precessione".

Newton poteva spiegare la precessione di tutti i pianeti ma non quella di Mercurio, la cui frequenza è un po' più alta di quanto avesse calcolato. La differenza era piccola, ma non abbastanza da essere ignorata.

La vigilia di Natale del 1911 Einstein scrisse:

> *Al momento sono (ancora) impegnato in riflessioni sulla teoria della relatività in relazione alla legge di gravitazione. [...] Spero di poter fare luce sui cambiamenti, tuttora inspiegati, della lunghezza del perielio di Mercurio [...] ma fino a ora niente sembra funzionare.*

IL NOME MI SFUGGE...

Si racconta che in seguito a un incontro della Royal Society, Arthur Eddington sia stato avvicinato dal fisico polacco-americano Ludwik Silberstein, che aveva scritto uno dei primi libri sulla relatività. "Professor Eddington", disse Silberstein, "Lei deve essere una delle tre persone al mondo che capisce la relatività generale". Mentre Eddington prendeva tempo per valutare questa dichiarazione, Silberstein esclamò: "Non sia modesto, Eddington!". La replica del grand'uomo fu: "Al contrario, sto cercando di farmi venire in mente chi potrebbe essere la terza persona!".

Gli astronomi cercavano un modo di spiegare lo strano comportamento di Mercurio. Forse c'era uno sciame di asteroidi tra Mercurio e il Sole, o magari un pianeta sconosciuto esercitava un'attrazione su Mercurio mentre orbitava. Le ipotesi erano varie, ma nessuna sembrava rispondere a tutti i quesiti. C'era però qualcosa che accomunava queste ipotesi: tutte accettavano come vera la legge di gravitazione di Newton.

Nel 1916 Einstein diede il suo contributo con equazioni tratte dalla sua nuova teoria della relatività generale, dimostrando che la sua teoria del funzionamento della gravità spiegava esattamente i movimenti orbitali di Mercurio. Il motivo di questa discrepanza era la curvatura dello spazio-tempo in prossimità dell'enorme massa del Sole.

La teoria di Einstein sembrò corretta e i suoi calcoli erano confermati dalle osservazioni degli astronomi. "Per alcuni giorni", scrisse, "ero fuori di me dalla gioia".

CAPITOLO 15

SE EINSTEIN AVEVA RAGIONE, ALLORA NEWTON AVEVA TORTO?

LA RICERCA SCIENTIFICA PER SUA NATURA NON SI FERMA MAI, NESSUNA VERITÀ È ASSOLUTA E NESSUNA PROVA È AL RIPARO DALL'ESSERE MESSA IN DISCUSSIONE

Isaac Newton fece qualche piccolo errore, ma per circa duecento anni le sue teorie si dimostrarono corrette nella pratica. Per la natura stessa della ricerca scientifica le verità non sono mai assolute, ma sono semplicemente la migliore descrizione della realtà ottenuta grazie alle conoscenze disponibili in un dato momento. Una legge scientifica è una spiegazione o un'affermazione che risulta sempre essere vera. La legge di gravitazione di Newton e le sue tre leggi della dinamica erano perfette per spiegare perché gli oggetti si muovevano in quel modo. Nel 1905, però, Einstein irruppe sulla scena e dimostrò che le leggi di Newton non erano più applicabili a oggetti che si muovevano a velocità simili a quella della luce. Newton non aveva torto, semplicemente non poteva immaginare o prevedere i limiti delle proprie leggi.

Newton aveva proposto un modo di calcolare gli effetti della gravità, ma non tentò mai di spiegarli. Scrisse nel 1687:

> *Non sono ancora riuscito a dedurre dai fenomeni la ragione di queste proprietà della gravità, e non invento ipotesi [...]. Che un corpo possa agire su di un altro a distanza e attraverso il vuoto, senza la mediazione di alcunché, grazie a cui e attraverso cui l'azione e la forza possano essere trasportate dall'uno all'altro, è per me una tale assurdità che credo nessun uomo in possesso di una competente capacità di pensiero in materia filosofica possa mai concepirla.*

La spiegazione data da Einstein al fenomeno della gravità forniva previsioni molto più accurate rispetto a quella di Newton, le cui leggi ancora funzionano bene in condizioni "normali" (cioè a velocità di molto inferiori a quella della luce): sono certamente abbastanza accurate da permetterci di tracciare una rotta per mandare una sonda dalla Terra a Plutone. Einstein non ha dimostrato che Newton aveva torto;

ha formulato una teoria della gravità il cui campo di applicazione si estendeva a situazioni che Newton non poteva neanche immaginare.

È uno dei principi guida della scienza che una teoria non ha valore se non resiste al vaglio della verifica sperimentale. Come disse Richard Feynman:

> *Non importa quanto sia bella la tua teoria, non importa quanto tu sia intelligente, né come ti chiami. Se non trova riscontro negli esperimenti, è sbagliata.*

Newton, perdonami; tu hai trovato la sola via che, ai tuoi tempi, fosse possibile per un uomo di altissimo intelletto e potere creativo. I concetti che tu hai creato guidano ancora oggi il nostro pensiero nel campo della fisica, anche se ora sappiamo che dovranno essere sostituiti con altri molto più lontani dalla sfera dell'esperienza immediata, se si vorrà raggiungere una conoscenza più profonda dei rapporti fra le cose.
Albert Einstein

Per confermare o scartare una teoria è necessario metterla alla prova numerose volte. Un solo esperimento non basta, i risultati devono essere replicati e verificati più volte. Nel corso di oltre duecento anni le leggi di Newton sono passate al vaglio della sperimentazione innumerevoli volte. Gli astronomi del XIX secolo, ad esempio, notarono che Sirio, la stella più luminosa del cielo notturno, sembrava oscillare leggermente nel suo percorso. Le leggi di Newton dicevano che se qualcosa si muoveva in una maniera inaspettata, doveva essere perché subiva l'influenza di una forza. Alcuni avrebbero potuto sostenere che questa fosse la dimostrazione che le leggi di Newton erano valide esclusivamente nel nostro sistema solare e non nello spazio interstellare. Ma se Newton avesse avuto ragione, allora forse c'era una stella ancora ignota che orbitava intorno a Sirio e la cui forza di gravità ne causava l'oscillamento. Nel 1862 questa stella fu effettivamente scoperta. Perché Sirio è in verità una stella binaria, cioè due stelle in orbita intorno a un punto. Una è una stella di sequenza principale, Sirio A, e l'altra è una nana bianca, Sirio B. Questo, a ulteriore conferma delle teorie di Newton, giustifica l'oscillazione.

Le deviazioni non spiegate nell'orbita di Mercurio mostrarono i primi punti deboli della fisica newtoniana. Niente, infatti, nei *Principia* di Newton li spiegava. Anche se gli astronomi si misero a cercare un nuovo pianeta per giustificare la strana orbita di Mercurio (gli attribuirono persino un nome: Vulcano), non c'era una versione intrasolare della stella compagna di Sirio, Sirio B, che potesse spiegarla. Finché si tratta di campi gravitazionali deboli, le ipotesi della teoria

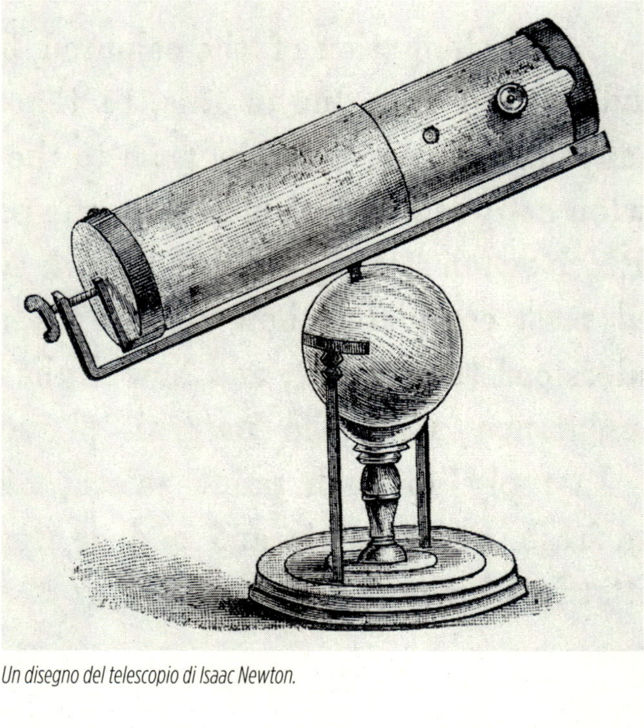

Un disegno del telescopio di Isaac Newton.

generale della relatività di Einstein sono uguali a quelle della teoria gravitazionale di Newton. Detto semplicemente, le due teorie si trovano d'accordo finché le velocità di tutti gli oggetti che interagiscono tra loro a livello gravitazionale sono piccole se paragonate alla velocità della luce.

Un campo gravitazionale è considerato forte se la velocità di fuga necessaria per uscirne è simile alla velocità della luce. Secondo questa definizione tutti i campi gravitazionali riscontrati nel sistema solare, inclusi quelli in prossimità del Sole, sono deboli. A basse velocità e in campi gravitazionali deboli le previsioni delle teorie della gravità speciale e generale coincidono con quelle dell'esperienza comune della fisica newtoniana.

Einstein aveva un grandissimo rispetto per il lavoro di Newton. Scrisse a riguardo:

> *In lui si combinava lo sperimentatore, il teorico, il meccanico, e, non meno importante, l'artista in esposizione [...] Al nostro cospetto ci appare una figura forte, sicura e solitaria: la sua gioia creativa e la sua precisione meticolosa sono evidenti in ogni sua parola e ogni cifra.*

Su questo punto in particolare Newton aveva torto ma, per quello che era possibile sapere, aveva ragione nel contesto della sua epoca. Allo stesso modo Einstein ha ragione adesso, ma è possibile che un giorno sarà smentito dalla scoperta di una nuova verità. Come vedremo in seguito, neanche la relatività generale è capace di dirci tutto. Agli angoli remoti del cosmo, in posti come i buchi neri, dove la velocità di fuga non solo si avvicina ma è superiore alla velocità della luce, Einstein comincia a non bastarci. La relatività generale inoltre smette di funzionare quando penetriamo le dimensioni subatomiche del regno quantico.

LA VELOCITÀ DI FUGA

L'idea di una velocità di fuga fu ispirata da uno studio delle leggi di Newton. Mettendo da parte fattori di complicazione come la resistenza dell'aria, la velocità di fuga è la velocità che un oggetto dovrebbe raggiungere per sottrarsi all'attrazione gravitazionale di un pianeta e proseguire il suo viaggio nello spazio. Per esempio, la velocità di fuga dalla Terra è di circa 11,2 km/s sulla superficie. Nel 1783, quando si seppe che la luce aveva una velocità finita, il fisico John Michell pose una domanda interessante. Si potrebbe avere, in teoria, un oggetto molto piccolo, ma molto massiccio, con una velocità di fuga troppo elevata per la luce stessa? Se così fosse, disse Michell, allora gli oggetti più massicci dell'universo potrebbero benissimo essere scuri. Questo è probabilmente la prima menzione di cui si ha notizia al fenomeno oggi conosciuto col nome di "buco nero".

Come Newton prima di lui, Einstein percorse un lungo tratto della strada che conduce a una maggiore comprensione dei meccanismi dell'universo. La sua teoria della relatività generale sembra riflettere il funzionamento apparente della natura, e le verifiche dell'equivalenza della teoria generale tra massa gravitazionale e inerziale si sono rivelate accurate entro una parte su 10 trilioni, che rappresenta l'accuratezza massima che possiamo raggiungere con gli strumenti attualmente a disposizione. Non ci sono, nella teoria generale, delle fessure visibili nelle quali inserire una nuova teoria.

Così la teoria generale è capace di spiegare l'universo. Ma lo stesso è stato detto duecento anni fa della legge gravitazionale di Newton. Come disse il filosofo francese Claude Lévi-Strauss:

> *Lo scienziato non è l'uomo che fornisce le vere risposte; è quello che pone le vere domande.*

CAPITOLO 16

PERCHÉ LA TEORIA DI EINSTEIN NON GLI È VALSA IL PREMIO NOBEL?

OGGI SEMBRA INCREDIBILE CHE LA TEORIA DELLA RELATIVITÀ SPECIALE NON FOSSE UNIVERSALMENTE ACCLAMATA. COM'È STATO POSSIBILE?

Quando nel 1905 Einstein pubblicò i suoi articoli rivoluzionari sulla natura di spazio, luce, moto e del regno atomico, era solo un impiegato dell'Ufficio Brevetti di 26 anni, perlopiù sconosciuto al di fuori di una ristretta cerchia di persone. Si sentì deluso dall'indifferenza con cui furono accolte le sue idee. Nel 1908 anche Max Planck scrisse un articolo sulla relatività speciale, e fu grazie alla sua fama, specialmente se paragonato a un semplice esperto tecnico di terza classe dell'Ufficio Brevetti a Berna, che l'idea della relatività cominciò a essere presa sul serio. Anche Hermann Minkowski pubblicò un contributo importante sulla relatività nel 1908, e mostrò che la teoria newtoniana della gravitazione non era compatibile con la relatività.

Hendrik Lorentz, che aveva provato a spiegare l'esito dell'esperimento di Michelson-Morley, ipotizzando che gli oggetti si contraessero muovendosi attraverso l'etere, non si rassegnò mai ad accettare le conclusioni di Einstein, benché queste rimandassero ad alcuni aspetti del suo pensiero. Nel 1913, durante una lezione, disse che trovava:

> *Un certo appagamento nella vecchia interpretazione secondo la quale [...] spazio e tempo possono essere nettamente separati. [...] Infine andrebbe rimarcato che l'audace affermazione per cui sia impossibile osservare velocità superiori a quella della luce implica un limite ipotetico a ciò che si trova alla nostra portata, un limite che non può essere accettato senza alcuna riserva.*

Nonostante le loro ovvie divergenze, nel 1912 Lorentz ed Einstein furono candidati insieme al Premio Nobel per la fisica in virtù del loro lavoro sulla relatività speciale. L'uomo che propose la loro candidatura fu il fisico tedesco Wilhelm Wien, che aveva vinto il premio l'anno precedente per le sue "scoperte sulle leggi che determinano la radiazione del calore".

SCIENZA E POLITICA

Le candidature per il Premio Nobel sono esaminate da un comitato di cinque persone (in quegli anni esclusivamente uomini) nominate dall'Accademia Svedese delle Scienze. Le candidature possono venire da precedenti vincitori del Nobel (si può proporre una candidatura per qualsiasi campo, non solo il proprio) e da professori di alcune selezionate università, che all'inizio del XX secolo erano quasi esclusivamente di paesi nordici e di lingua tedesca. Tra il 1911 e il 1921 Einstein fu ripetutamente candidato, ma due membri del comitato, che erano stati incaricati di compilare relazioni sulla sua idoneità a ricevere il premio, si mostrarono contrari più volte.

Uno di loro era il vincitore del premio per la chimica del 1903, Svante Arrhenius, uno dei fondatori della chimica fisica. Arrhenius, lui stesso un fisico, era rimasto impressionato dal lavoro di Einstein sul moto browniano, ed era convinto che meritasse il Nobel. Pensava, però, che sarebbe stato strano conferirgli il premio per il moto browniano quando l'altro lavoro di Einstein era ben più importante. Non si sentiva, d'altronde, di nominarlo per il suo lavoro più recente perché a suo avviso non era ancora stato dimostrato sperimentalmente.

L'altro membro del comitato era Allvar Gullstrand, vincitore del premio per la medicina del 1911, e fortemente contrario al conferimento del Nobel a Einstein. La specialità di Gullstrand era l'ottica dell'occhio e i suoi interessi risiedevano nell'ottica teoretica. Molti dei detrattori di Einstein semplicemente non capivano la relatività generale, ma non era il caso di Gullstrand. Una volta disse a un amico che Einstein "non dovrà mai ricevere il Premio Nobel, neanche se il mondo intero lo esigesse".

Come Arrhenius, anche Gullstrand trovava che le prove empiriche a sostegno della relatività speciale fossero poche.

La relatività generale aveva avuto le sue tre famose prove, ma una di queste, lo spostamento verso il rosso del Sole, fino al 1922 era ritenuta dalla maggior parte degli esperti sfavorevole a Einstein. La relazione del 1917 del comitato del Premio Nobel si espresse in termini lusinghieri sul lavoro di Einstein, ma notò che le misurazioni effettuate all'osservatorio di Monte Wilson in California non avevano riscontrato lo spostamento verso il rosso che era stato predetto dalla relatività generale. "Sembra che la teoria della relatività di Einstein, per quanto non priva di valore, non sia meritevole di un Premio Nobel": così deliberò il comitato. Fu negli anni Sessanta che esperimenti di laboratorio a Harvard confermarono che lo spostamento verso il rosso è un fenomeno reale.

Un'altra prova della relatività generale, la curvatura della luce per opera del Sole, fu ampiamente contestata a dispetto dei risultati conseguiti dalla spedizione dell'eclissi del 1919 di Sir Arthur Eddington. La più importante predizione teorica della teoria della relatività, sia generale che speciale, fu la spiegazione data da Einstein delle anomalie nell'orbita di Mercurio che non potevano essere interpretate con la meccanica newtoniana. Einstein aveva mostrato che la sua teoria aveva previsto uno spostamento del perielio, un cambiamento del punto nell'orbita di Mercurio dove esso passava più vicino al Sole, che trovava perfetto riscontro con l'effetto osservato. Gullstrand affermò che Einstein aveva falsificato i calcoli per farli corrispondere al risultato, e disse che la teoria di Einstein poteva essere di volta in volta manipolata affinché desse a ogni problema il risultato voluto.

Nel tentativo di dimostrare l'inconsistenza della relatività, Gullstrand si imbatté per caso in un suo importante effetto: il punto di vista di un osservatore che cade dentro un buco nero. La concezione di Gullstrand di un buco nero prevedeva che lo spazio, una volta dentro l'orizzonte degli eventi, fosse attirato verso la singolarità a una velocità superiore a quella della luce (vedi pagg. 153-155).

Dopo che furono resi noti i risultati della spedizione dell'eclissi di Eddington, Einstein fu oggetto di una pioggia di nomine per il Nobel del 1920, ma il comitato non le accolse favorevolmente. Secondo lo storico della scienza Robert Friedman, il comitato non voleva che un "estremista politico e intellettuale che, si diceva, non conduceva esperimenti, ricevesse la massima onorificenza nel campo della fisica". Così nel 1920 il Premio Nobel della fisica fu assegnato al fisico svizzero Charles-Edouard Guillaume per la sua scoperta di anomalie nelle leghe di nickel-acciaio. Sempre secondo Friedman, Guillaume, che non aveva mai goduto di alcuna notorietà, quando fu annunciato il vincitore era "sbalordito quanto gli altri".

L'ARRIVO DELLA CELEBRITÀ

All'inizio del 1920, in seguito alla conferma da parte di Eddington della curvatura gravitazionale della luce, Einstein diventò, suo malgrado, una specie di celebrità, e gli veniva continuamente chiesto di dare la propria opinione su ogni genere di argomento. Era sempre affabile e paziente con le persone, ma preferiva essere lasciato in pace per continuare il suo lavoro. In pochi capivano la natura della relatività, però sembrava che tutti volessero parlarne.

Negli anni Venti il giornalista Alexander Moszkowski, uno scrittore satirico tedesco di origine ebraica, pubblicò un libro di conversazioni con Einstein nel quale commentava la passione che il pubblico mostrava per la sua teoria della relatività:

Da tutte le parti si moltiplicavano le serate mondane a tema scientifico, e si costituivano università peripatetiche con professo-

ri erranti che liberavano la gente dalla miseria tridimensionale della vita di tutti i giorni per condurla negli accoglienti campi Elisi delle quattro dimensioni.

Max Born era inorridito dall'assenso di Einstein a collaborare al libro: temeva che avrebbe ulteriormente alimentato nei suoi confronti un sentimento antisemita, che già cominciava a mostrarsi. Un numero sempre maggiore di scienziati tedeschi nazionalisti aveva cominciato a etichettare le idee di Einstein come "fisica ebraica". Einstein, dal canto suo, continuava a ostentare un'aria di distacco. "Il problema mi è indifferente", disse, "come lo è tutto il fracasso, e le opinioni di ogni singolo essere umano. Qualsiasi cosa mi riserverà il futuro, l'affronterò col distacco di uno spettatore noncurante".

Einstein con i suoi contemporanei nel 1931; accanto a lui, sulla sinistra nella foto, il fisico Albert Michelson.

IL POTERE DELL'ATOMO

Nel 1920 Einstein tenne una lezione a Praga, alla quale fece seguito un ricevimento in suo onore organizzato dal dipartimento di fisica dell'università. Dopo una serie di discorsi entusiasti, Einstein fu invitato a rispondere, ma annunciò: "Forse sarebbe più piacevole e comprensibile per tutti se invece di fare un discorso vi suonassi un pezzo al violino". Così si esibì in una sonata di Mozart, un'esecuzione che il suo amico Philipp Frank definì "commovente". Frank raccontò che il giorno successivo un giovane si avvicinò a Einstein quando questi era nel suo ufficio.

In virtù di $E = mc^2$, insisteva l'uomo, sarebbe stato possibile "usare l'energia contenuta in un atomo per produrre esplosivi terrificanti". Einstein liquidò l'idea, definendola insensata.

VINCERE IL PREMIO

Benché Einstein fosse stato di nuovo nominato nel 1921, Gullstrand convinse nuovamente il comitato che nessuno dei nominati di quell'anno soddisfaceva i criteri definiti nel testamento di Alfred Nobel. Secondo gli statuti della Fondazione Nobel, in questi casi il conferimento del premio può essere rimandato all'anno successivo, e così fu.

Il rinvio del 1921 significava che nel 1922 potevano essere conferiti due premi. Einstein ricevette numerose nomine per la teoria della relatività, ma anche per il suo lavoro sull'effetto fotoelettrico. Quest'ultima veniva da Carl Wilhelm Oseen, un fisico teoretico svedese. Oseen voleva che il comitato riconoscesse l'effetto fotoelettrico come una legge fondamentale della natura, non solo una teoria. Il motivo non era tanto sostenere Einstein quanto quello di promuovere l'opera di Niels Bohr, che aveva proposto una nuova teoria quantistica dell'atomo. Secondo Oseen questa era "la più bella di tutte le belle idee" della recente fisica teoretica.

Oseen riuscì nel suo intento, presentando al comitato una relazione in cui enfatizzava il legame tra l'effetto fotoelettrico di Einstein e la nuova descrizione dell'atomo di Bohr. Il comitato si lasciò convincere e il 10 novembre 1922 conferì il premio del 1922 a Bohr e quello non assegnato del 1921 a Einstein. La motivazione per il Premio Nobel di Einstein recitava:

> *Il Premio Nobel per la fisica del 1921 è conferito ad Albert Einstein per i suoi contributi alla Fisica Teoretica e in particolare per la sua scoperta della legge dell'effetto fotoelettrico.*

Einstein ebbe la notizia mentre era in viaggio verso il Giappone. Non fu presente alla cerimonia ufficiale e non ricevette il premio fino all'anno seguente. Aveva promesso che il premio in denaro che accompagnava il Nobel sarebbe stato depositato su un fondo per i suoi figli, mentre la sua ex-moglie, Mileva Maric, sarebbe stata autorizzata a prelevare dagli interessi. Come convenuto, il premio in denaro fu trasferito alla Maric.

Einstein in Giappone nel 1922.

CAPITOLO 17

QUAL È STATO IL PIÙ GRANDE ERRORE DI EINSTEIN?

PENSIAMO A EINSTEIN COME A UN GENIO ASSOLUTO, MA QUAL È STATO IL SUO ABBAGLIO PIÙ CLAMOROSO?

All'inizio del secolo XX, quando Einstein pubblicò la teoria della relatività generale, la maggior parte delle persone pensava che la Via Lattea fosse l'intero universo e che al di fuori di essa non ci fosse niente altro. In quegli anni si stavano iniziando a raccogliere osservazioni che suggerivano che l'universo fosse in realtà molto più grande di quanto si immaginasse, ed era iniziato un dibattito riguardo l'esistenza di oggetti che erano localizzati al di fuori della Via Lattea.

Nel 1923 Edwin Hubble "espanse" le dimensioni dell'universo utilizzando il più potente telescopio esistente a quei tempi. Era il telescopio Hooker, situato nell'osservatorio del Monte Wilson in California, e veniva utilizzato per studiare le stelle poste nella nebulosa di Andromeda. Con le sue osservazioni calcolò che la distanza di questa nebulosa era di 800.000 anni luce (una sottostima di circa 1,2 milioni, come si scoprì in seguito).

Andromeda era una galassia separata dalla nostra Via Lattea. Continuando le sue ricerche, Hubble scoprì altre galassie ancora più distanti. Lo scenario che si stava profilando era

Edwin Hubble (1889-1953).

quindi di un universo più vasto di quanto s'immaginasse, allargato in uno spazio di miliardi di anni luce, con un centinaio di miliardi di galassie, ciascuna contenente un centinaio di miliardi di stelle. Si credeva che l'universo fosse statico e nessuno pensava che potesse espandersi o contrarsi. Nel 1929 Hubble divenne celebre quando fece un'altra scoperta straordinaria: la luce che ci raggiunge dalle galassie distanti era spostata verso l'estremità rossa dello spettro elettromagnetico (vedi pag. 144), e questo spostamento indicava che queste galassie si allontanavano dal nostro sistema solare. Più le galassie erano lontane, maggiore era la loro velocità di allontanamento. La spiegazione più semplice di questo fenomeno era che l'universo si stesse espandendo.

LA COSTANTE COSMOLOGICA

La teoria della relatività generale di Einstein era certamente compatibile con l'espansione o contrazione dell'universo. Infatti, quando si applicano le equazioni della relatività generale all'universo *in toto*, e non semplicemente a una stella o a un pianeta al suo interno, si scopre che l'universo non può essere statico, in quanto la curvatura dello spazio-tempo causato dall'esistenza della materia provocherebbe il collasso dell'universo su se stesso. Di conseguenza, se l'universo non può essere statico e non sta collassando, deve per forza essere in espansione. Tuttavia l'opinione generale, e quella di Einstein in particolare, era che queste conclusioni della relatività generale fossero veramente troppo fantasiose.

Se l'universo si stava espandendo, la logica richiedeva che si stesse espandendo a partire da un luogo originale. In qualche momento nel passato, l'universo doveva essere un punto che conteneva tutto lo spazio e il tempo. Einstein pensò che questa idea fosse insensata e nel 1917 introdusse un termine

L'EFFETTO DOPPLER: SPOSTAMENTO VERSO IL ROSSO

L'arrossamento che Hubble osservò nelle galassie lontane non era causato dalla gravità, ma dall'effetto Doppler. Abbiamo familiarità con questo effetto quando parliamo di onde sonore. Se un'auto della polizia ci passa vicino, il suono della sirena è più acuto quando è in avvicinamento, ma diventa più basso quando l'auto si allontana. La ragione di ciò è che i picchi delle onde sonore impiegano più tempo ad arrivare a noi quando l'auto si allontana e noi percepiamo un abbassamento della frequenza del suono. L'effetto opposto si verifica se l'auto è in avvicinamento. Un risultato analogo avviene con la luce emessa da un oggetto in movimento, ma invece di una modifica nella frequenza del suono, cambia la lunghezza d'onda della luce, che si sposta verso il rosso se la sorgente si allontana, e verso il blu se la sorgente si avvicina.

nelle sue equazioni chiamato "costante cosmologica" (dicendo di questa che era solo una "modifica minore"). Questo termine descriveva una forza repulsiva che bilanciava l'attrazione della gravità e che quindi impediva l'espansione o contrazione dell'universo. Einstein non era molto felice di questa modifica delle equazioni e ammise che "non era giustificata dalle nostre conoscenze attuali sulla gravitazione".

La scoperta di Edwin Hubble dello spostamento verso il rosso della luce delle galassie lontane non poteva essere messa in discussione. Aveva dimostrato che l'universo era realmente in espansione e questo fatto fu riportato dalla stampa come una sfida nei confronti delle teorie di Einstein. Questi, invece, fu felice di ammettere il suo errore e di rimuovere la costante cosmologica dalle sue equazioni. In una lettera al suo amico Michele Besso, scrisse che gli astronomi dell'osservatorio di Monte Wilson erano "straordinari" e che la situazione era diventata "realmente eccitante". È un peccato che Einstein non

LO SPOSTAMENTO AL ROSSO DI ORIGINE COSMOLOGICA

L'effetto Doppler dipende dal moto dell'oggetto mentre emette energia. Lo spostamento verso il rosso cosmologico è un po' diverso. La lunghezza d'onda della luce che è stata emessa viene allungata mentre viaggia attraverso lo spazio-tempo in espansione. Questo arrossamento dipende quindi dall'espansione dello spazio stesso, non dal moto degli oggetti che emettono luce. Più è lungo il viaggio della luce attraverso lo spazio-tempo in espansione, più la sua lunghezza d'onda sarà allungata e maggiore sarà l'arrossamento.

si fosse fidato delle sue equazioni originali: se lo avesse fatto, avrebbe predetto l'espansione dell'universo dieci anni prima della dimostrazione sperimentale di Hubble. Arthur Eddington e altri avevano osservato che la costante cosmologica non avrebbe comunque funzionato, dato che avrebbe richiesto che l'universo si trovasse in uno stato di equilibrio dinamico molto instabile, qualcosa di simile a una matita in equilibrio sulla punta. In questo stato, una minima perturbazione avrebbe causato un'espansione o contrazione incontrollata.

PERCHÉ IL COSMO NON COLLASSA?

Alcuni dei problemi che venivano affrontati dai fisici dell'inizio del XX secolo erano già stati discussi duecento anni prima. Nel 1692 Newton ricevette una lettera dal reverendo Richard Bentley. "Supponiamo che l'universo sia infinito", scrisse Bentley. "Se così fosse, ogni parte dell'universo dovrebbe risentire dell'attrazione gravitazionale, e quindi, logicamente, non dovrebbe tutto collassare su se stesso?".

Newton cercò di spiegare questo fatto asserendo che se le stelle fossero distribuite uniformemente nello spazio la forza di gravità agirebbe egualmente in tutte le direzioni e si avrebbe un bilanciamento. Tuttavia, si rese conto immediatamente che il minimo movimento di una stella avrebbe potuto rompere questo equilibrio e che l'intero edificio cosmico sarebbe andato in pezzi. Newton e Bentley avevano commesso un errore fondamentale: le stelle non erano stazionarie. In effetti, le idee di Newton sullo spazio assoluto nascevano proprio dalla nozione di "stelle fisse". Fu Edmund Halley, lo scopritore dell'omonima cometa e "vendicatore" delle leggi di Newton, il primo a scoprire che alcune stelle si erano spostate dalle posizioni che erano state individuate su alcune antiche mappe stellari greche.

IL PARADOSSO DI OLBERS: PERCHÉ IL CIELO NON È PIENO DI STELLE?

Halley indicò un altro problema. Se l'universo fosse infinito, allora noi dovremmo vedere una stella in qualsiasi direzione posiamo lo sguardo: l'intero cielo notturno dovrebbe essere luminoso quanto il Sole!

Chiaramente non era così, e questa osservazione aveva indotto Keplero, nel XVII secolo, a concludere che l'universo non potesse essere infinito. Questo problema divenne noto come "paradosso di Olbers" dal nome dell'astronomo tedesco Heinrich Olbers (1758-1840).

Egli suggerì che dovevano esserci delle nuvole di polvere tra le stelle che ne nascondevano alcune alla nostra vista. Questa soluzione però è errata; infatti, col tempo, l'energia proveniente dalle stelle lontane riscalderebbe il gas fino a renderlo luminoso e riempiendo comunque il cielo di luce. La risposta a questo problema arrivò con la scoperta dell'espansione dell'universo fatta da Edwing Hubble. La luce

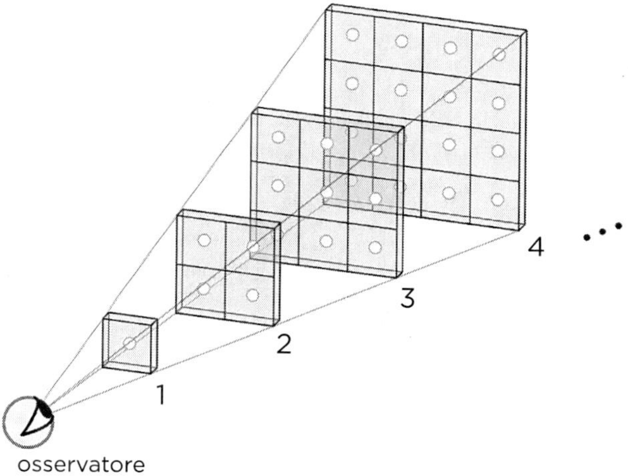

Per capire il paradosso di Olbers basta pensare al cielo formato da gusci di spessore uniforme. Allontanandosi dall'osservatore il numero di stelle di ogni guscio aumenta con la superficie del guscio, ovvero con il quadrato del raggio del guscio. La luce di ogni stella vista dall'osservatore diminuisce con il quadrato della distanza. Il contributo di ogni guscio all'illuminazione totale del cielo è quindi uguale ed è indipendente dal suo raggio. Se l'universo è infinito il cielo dovrebbe essere infinitamente luminoso.

dalle regioni più remote dell'universo non ha ancora avuto il tempo di raggiungerci e forse non lo farà mai. L'universo è oscuro perché è iniziato con un Bang.

IL RIMPIANTO DI EINSTEIN

Il fisico George Gamow raccontò che Einstein descrisse la costante cosmologica come il suo più grande errore, ma non abbiamo nessun'altra evidenza che abbia davvero detto così, e ovviamente, niente di simile si trova nei suoi scritti. Di certo, però, c'è un errore che Einstein ha sicuramente rimpianto di aver commesso. Dopo avergli fatto visita a Princeton il 16 novembre 1954, Linus Pauling scrisse nel suo diario: "Ha detto di avere commesso un grande errore: firmare la lettera che esortava il presidente Roosvelt a costruire la bomba atomica".

IL RITORNO DELLA COSTANTE COSMOLOGICA

Alla fine degli anni Novanta i cosmologi hanno scoperto che l'universo non è semplicemente in espansione, ma la velocità di espansione sta aumentando. Le cause di questa accelerazione sono ancora misteriose e gli scienziati spesso sostengono che si tratti dell'azione di una "energia oscura". Gran parte delle osservazioni sperimentali suggeriscono che questa energia oscura si comporti come la costante cosmologica di Einstein e molti cosmologi vorrebbero far rivivere questa espressione. Un possibile meccanismo è che coppie di particelle virtuali compaiano e scompaiano continuamente nello spazio vuoto, e questo è un fenomeno perfettamente in linea con la meccanica quantistica. L'energia associata a queste particelle potrebbe esercitare una forza repulsiva che spinge tutti gli oggetti nell'universo verso l'esterno. La costante cosmologica, tutt'altro che una cantonata, potrebbe costringere gli scienziati a riconsiderare ciò che credono sia vero relativamente alla cosmologia, la fisica delle particelle e le forze fondamentali della natura.

LA BUSTA DI EINSTEIN

Nel 1931 Einstein visitò l'osservatorio di Monte Wilson in California, accompagnato da Edwin Hubble. Durante la visita al grande telescopio, la guida disse a Elsa, la consorte di Einstein, che quello strumento era stato usato per misurare dimensioni e forma dell'universo. "Mio marito", commentò lei, "fa la stessa cosa sul retro di una busta usata".

CAPITOLO 18

DOVE FALLISCE LA TEORIA DELLA RELATIVITÀ?

COSA SUCCEDE ALLA RELATIVITÀ AI LIMITI PIÙ ESTREMI DELLA REALTÀ, ALL'INTERNO DELL'ORIZZONTE DEGLI EVENTI DI UN BUCO NERO?

La relatività generale è stata uno strumento incredibilmente efficace per migliorare la nostra comprensione dell'universo e di come funziona. Come era già successo a Newton, c'erano alcune cose che Einstein non poteva spiegare. Più l'oggetto è compatto e massiccio, più forte è la sua attrazione gravitazionale. La relatività generale predice l'esistenza dei buchi neri, regioni dove la densità della materia è così alta che lo spazio-tempo è talmente curvo da diventare infinito. Il pozzo gravitazionale formato dal buco nero è così profondo che nulla riesce a sfuggire. È come un buco nello spazio-tempo, non esiste una traiettoria di fuga neppure per la luce.

I PULSAR E LE STELLE DI NEUTRONI

Nel 1967 Jocelyn Bell, una studentessa di dottorato a Cambridge, Inghilterra,), notò qualcosa d'insolito nelle sue osservazioni al radio telescopio. Sembrava esserci un segnale radio intermittente che si accendeva e spegneva molto rapidamente e che originava da un punto del cielo. Dopo ulteriori ricerche trovò un secondo segnale intermittente. Alcuni suggerirono che questi segnali provenissero da una forma di vita aliena e i chiamarono LGM, Little Green Men ("piccoli uomini verdi"). L'astronomo americano Thomas Gold si chiese se queste sorgenti oscillanti fossero delle stelle di neutroni. Era da un po' di tempo che si speculava sulla possibile esistenza di questi oggetti. Una volta esauriti gli elementi necessari a supportare la fusione nucleare, le stelle più grandi, da 5 a 40 volte più massive del nostro Sole, concludono il loro ciclo vitale con delle gigantesche esplosioni, trasformandosi in supernove. Gli strati più esterni della stella sono espulsi nello spazio, causando un aumento drammatico della luminosità della stella, talmente forte che per un breve tempo la supernova può diventare più luminosa del resto della ga-

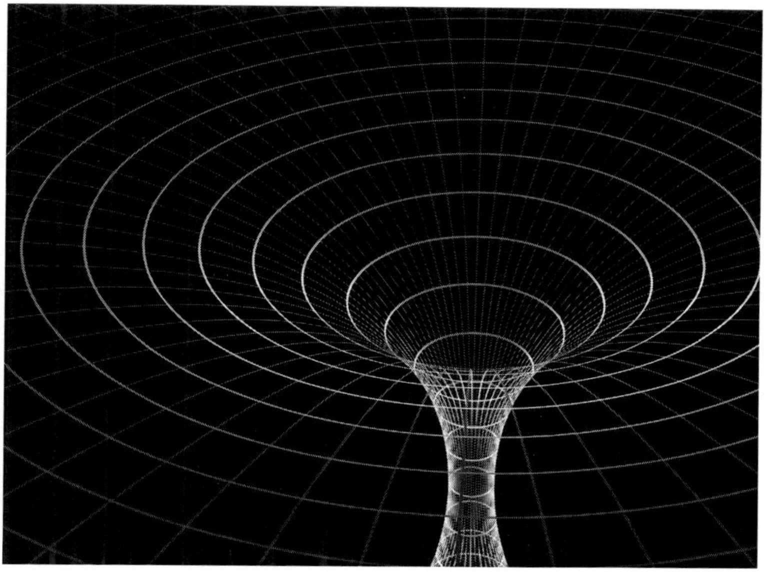

lassia. Mentre gli strati esterni si espandono nello spazio, il centro della stella implode su se stesso. Nello spazio di pochi secondi la densità del nucleo aumenta a un unto tale che gli elettroni e i protoni che formano gli atomi sono compressi così tanto da fondersi, formando dei neutroni. Il centro della stella diventa una palla di materia nucleare incredibilmente densa, dove ogni centimetro cubo di materia peserebbe miliardi di tonnellate. Una stella di neutroni non è più grande di una ventina di chilometri di diametro, ma ha una massa piu grande di quella del Sole. Se fosse possibile portare un cucchiaino di materiale da una stella di neutroni alla Terra, peserebbe di più di una montagna. Durante il collasso la stella ruota sempre piu velocemente, proprio come una pattinatrice artistica che, raccogliendo braccia e gambe, accelera la sua rotazione. Alla fine della contrazione, la stella di

neutroni compie alcune centinaia di rotazioni al secondo. Il campo magnetico della stella diventa sempre più concentrato e potente. Gli elettroni intrappolati nel campo magnetico vengono accelerati a una velocità prossima a quella della luce ed emettono dei fasci di luce che abbandonano la stella in prossimità dei due poli. A questo punto la stella si comporta come una specie di faro cosmico che emette due fasci di luce in due direzioni opposte. Possiamo rilevare questa radiazione solo se uno dei questi fasci di radiazione elettromagnetica è diretto verso la Terra, in modo da poter essere rivelato dai radiotelescopi. Siccome queste stelle appaiono pulsare quando il fascio punta in direzione della Terra, sono state chiamate "pulsar".

Le stelle di neutroni, e i pulsar in particolare, sono dei laboratori cosmici ideali per verificare la relatività generale. La gravità di un corpo pesante e compatto come una stella di neutroni è estremamente forte, e gli effetti della relatività generale diventano molto evidenti. Per esempio, un sistema binario, dove una stella di neutroni orbita intorno a una stella ordinaria, può essere utilizzato per fare delle misure molto precise degli effetti della gravità sulla luce.

I BUCHI NERI

Cosa succede se una stella di neutroni continua a collassare sotto il suo stesso peso? Nel 1928 l'astronomo indiano Subrahmanyan Chandrasekhar calcolò che, se una stella era più grande di una certa dimensione, la sua forza gravitazionale sarebbe stata così intensa da vincere la resistenza delle particelle atomiche. La stella quindi avrebbe continuato semplicemente a collassare fino a formare un singolo punto, una singolarità, piegando lo spazio-tempo circostante in modo tale che nulla potesse sfuggire, neppure la luce. Sarebbe diventata un buco nero nello spazio.

Un buco nero non è un oggetto fisico, è una regione di spazio-tempo con delle proprietà molto peculiari. Il confine che separa questa regione dal resto dell'universo è chiamato "orizzonte degli eventi". L'orizzonte degli eventi è una via a senso unico: la materia o energia può attraversarla dallo spazio esterno, ma non potrà mai tornare indietro. Un osservatore non vedrà mai luce provenire dal buco nero. Ciò vuol dire che è impossibile osservarne uno direttamente, ma è possibile osservare i suoi effetti sullo spazio circostante. La traiettoria della luce emessa da stelle e galassie che passa vicino a un buco nero è curvata dall'influenza gravitazionale, proprio come la gravità solare piega la luce che passa vicino, ma il buco nero la piega molto di più. Se un oggetto e un buco nero fossero perfettamente allineati, un osservatore vedrebbe la luce emessa dall'oggetto come un anello luminoso che circonda il buco nero. Questo fenomeno è chiamato "anello di Einstein". Se l'oggetto fosse disallineato, anche di poco, rispetto all'osservatore e al buco nero, l'anello non sarebbe visibile e il buco nero sarebbe molto più difficile da rilevare.

Gli astronomi devono utilizzare dei metodi indiretti per dedurre la presenza di un buco nero; per esempio, cercando movimenti inaspettati delle stelle nelle vicinanze. Se un buco nero si forma da una stella che era parte di un sistema binario, può iniziare ad attrarre gas dagli strati più esterni della stella compagna.

Il gas cade spiraleggiando intorno al buco nero formando un disco di accrescimento che raggiunge temperature talmente elevate da emettere raggi X. Una stella di neutroni può avere un effetto simile, ma vi sono casi in cui le osservazioni suggeriscono che l'oggetto è troppo compatto per essere

COS'È UNA SINGOLARITÀ?

Una conseguenza della descrizione di Einstein della gravità in termini di curve nello spazio-tempo è che consente la formazione di singolarità; cioè un punto in cui qualche proprietà è infinita. Per esempio, la densità della materia al centro del buco nero è infinita perché la massa della stella è stata compressa in un volume pari a zero sotto gli effetti di una gravità infinita. Al centro del buco nero lo spazio-tempo ha curvatura infinita e quindi smette di esistere. Le leggi della fisica, comprese quella della relatività, si infrangono nella singolarità.

Le singolarità erano un anatema per Einstein, che riteneva non ci fosse posto per questi valori infiniti in una descrizione matematica ragionevole dell'universo. Sosteneva che le singolarità non possono apparire in natura "per la ragione che la materia non può concentrarsi arbitrariamente [...] perché altrimenti le particelle che la costituiscono raggiungerebbero la velocità della luce".

Un "anello di Einstein".

una stella di neutroni. In queste circostanze, gli astronomi ritengono che sia giustificato pensare di aver trovato un buco nero. Per quanto ne sappiamo, il buco nero più vicino è a più di mille anni luce di distanza.

QUANTO È GRANDE UN BUCO NERO?

I buchi neri possono avere qualsiasi misura: quelli che si formano quando una grande stella diventa supernova hanno un raggio di circa 5 km; mentre i buchi neri che si formano nel centro di alcune galassie possono avere masse pari a quelle di milioni di stelle con dimensioni maggiori del nostro sistema solare. All'altro estremo della scala, i mini buchi neri si sono formati all'inizio dell'universo e potrebbero essere più piccoli di un granello di sabbia, ma massicci come montagne.

I BUCHI NERI SUPER-MASSIVI

Non molto tempo dopo l'invenzione del radiotelescopio, gli astronomi hanno iniziato a trovare evidenze di galassie che emettevano fortissimi segnali radio. Proprio come le stelle di neutroni, queste inviavano nello spazio fasci di particelle estremamente energetiche in due direzioni opposte, ma su una scala incomparabilmente più grande. Quando questi fasci di particelle interagivano con le nuvole di gas poste tra le galassie, causavano emissione di onde radio che erano poi rivelate dai radiotelescopi sulla Terra. Era chiaro che c'era solo una possibile sorgente di energia alla base di questo fenomeno: materia che cadeva in un pozzo gravitazionale e che formava un disco di accrescimento estremamente energetico. La scala di questo fenomeno è tale che la massa al centro del processo deve essere estremamente massiccia e compatta.

Adesso gli astronomi credono che questi siano buchi neri super-massivi, con una massa di oltre un milione di volte la massa del nostro Sole, e che possano trovarsi al centro di galassie, anche quelle relativamente tranquille come la nostra Via Lattea. A oggi, il buco nero più grande di cui abbiamo conoscenza ha una massa di 21 miliardi di masse solari, valore incomprensibile sulla scala umana. È situato nell'ammasso di galassie nella costellazione della Chioma di Berenice, che contiene oltre 1000 galassie.

Il bordo esterno di un buco nero, il suo orizzonte degli eventi, circonda la singolarità centrale a una distanza detta "raggio di Schwarzschild". Se un corpo si contrae al di sotto di questa distanza, l'attrazione gravitazionale diventa talmente forte che il completo collasso gravitazionale sarà irreversibile e porterà alla formazione di un buco nero. In teoria si può costruire un buco nero con qualsiasi cosa, a patto di poterlo comprimere abbastanza forte. Il raggio di Schwarzschild per un essere umano di dimensioni medie è circa 10^{-23} cm, più piccolo del nucleo di un atomo. Fu scoperto dall'astronomo tedesco Karl Schwarzschild nel 1916 mentre studiava le equazioni della relatività generale di Einstein. Schwarzschild le usò per descrivere come lo spazio-tempo si sarebbe curvato vicino a una stella sferica. A quel tempo, però, lo scienziato non poté presentare i suoi risultati all'Accademia Prussiana perché concentrato a calcolare la traiettoria dei proiettili dell'artiglieria tedesca impegnata sul fronte russo, quindi inviò i suoi calcoli a Einstein, che li presentò per lui. Come conseguenza della forte curvatura dello spazio-tempo, all'orizzonte degli eventi di un buco nero succedono molte cose strane. Un osservatore che guardasse qualcuno cadere verso l'orizzonte degli eventi, ammesso che sia possibile un'esperienza simile, vedrebbe il suo orologio rallentare sempre di più per fermarsi all'orizzonte degli eventi. La persona in caduta osserverebbe esattamente l'opposto: cioè che il tempo dell'universo circostante accelererebbe sempre di più e forse, assisterebbe alla fine dell'universo proprio nel varcare l'orizzonte degli eventi.

Einstein non credeva che potessero formarsi i buchi neri, ma altri fisici teorici sì. Essi mostrarono come una stella abbastanza massiva alla fine della sua vita collasserebbe per forza per formare una singolarità super-massiva nella quale tutte le leggi della fisica, comprese quelle di Einstein, non avrebbero più significato.

CAPITOLO 19

COME SI È ARRIVATI DALLA RELATIVITÀ AL BIG BANG?

LA RELATIVITÀ SUGGERIVA CHE L'UNIVERSO NON ERA ESISTITO DA SEMPRE, MA CHE AVEVA AVUTO UN PUNTO D'INIZIO

Dopo che Einstein ebbe spiegato al mondo la sua teoria della relatività generale, lui e altri scienziati si misero al lavoro per capire come questa teoria potesse applicarsi all'universo nel suo insieme. All'epoca, questo imponeva di formulare delle ipotesi su come la materia era distribuita all'interno dell'universo. La loro idea di partenza era che, esaminandone una porzione abbastanza grande, l'universo appare all'incirca uguale ovunque lo si guardi. La seconda considerazione fu che l'universo è sempre uguale, a prescindere da quale posizione uno occupi al suo interno; in altre parole, la materia nell'universo è omogenea (la stessa ovunque) e isotropa (la stessa in ogni direzione) quando è mediata su scale molto grandi. Questi presupposti costituiscono il principio cosmologico.

Grazie alla descrizione di Einstein del funzionamento della gravità e a un'idea di come la materia sia distribuita nell'universo, diventa possibile immaginare come questo si sia evoluto nel corso del tempo. E quella che prende forma è l'immagine di un universo che, letteralmente, si è sviluppato da zero. Se prendiamo l'universo in espansione e lo facciamo viaggiare al contrario, riavvolgendo il progredire della sua evoluzione, vedremo tutta la materia, tutta l'energia, tutto lo spazio e tutto il tempo contrarsi in un punto di densità e gravità infinite e di una grandezza pari a zero: in altre parole, una singolarità. A questo punto le equazioni di Einstein, i pilastri fondamentali della teoria generale che descrive il modo in cui le distorsioni dello spazio-tempo influenzano la materia e l'energia che vi è contenuta, non valgono più, proprio come dentro la singolarità di un buco nero. Per qualche ragione, che semplicemente ignoriamo, tutto ciò che compone l'universo di adesso si è diffuso da questo punto zero grazie a un evento conosciuto col nome di Big Bang.

COME È COMINCIATO TUTTO?

Il primo a suggerire che l'universo in espansione abbia avuto un inizio fu il presbitero e astronomo belga Georges Henri Lemaître (1894-1966). Alla fine degli anni Venti, in un celebre articolo intitolato *Un universo omogeneo di massa costante e di raggio crescente, che giustifica la velocità radiale delle nebulose extragalattiche*, propose la sua idea di un "atomo primordiale".

Lemaître cominciò con una soluzione alle equazioni di Einstein che corrispondevano a un universo in espansione. Da lì poi dedusse che la velocità delle galassie lontane è proporzionale alla loro distanza, una conclusione che concordava con i calcoli dello spostamento verso il rosso di Hubble (vedi pag. 144).

Ipotizzò che in un passato lontano tutta la massa dell'universo fosse concentrata in un unico super-atomo. Secondo Lemaître, questo atomo primordiale cominciò a dividersi

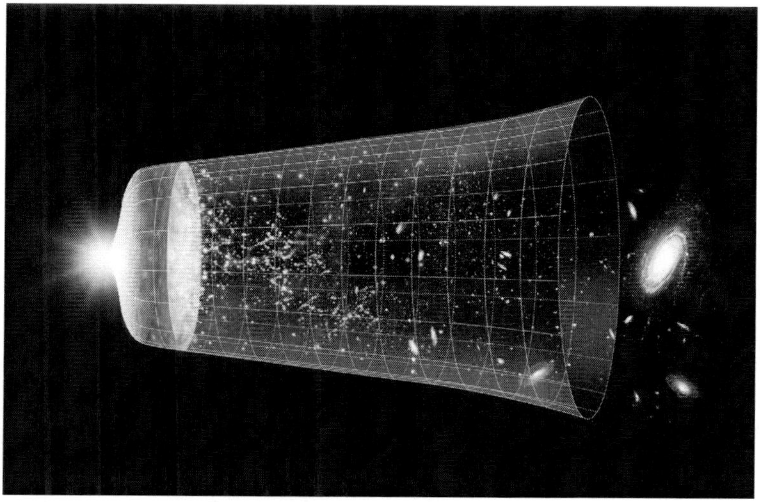

Modello (non in scala) di origine e espansione dello spazio-tempo e della materia in esso contenuta.

esponenzialmente, fino a generare tutta la materia che esiste oggi. Non lo chiamò Big Bang, ma si riferì all'evento come a un "giorno senza uno ieri".

Lemaître incontrò Einstein per la prima volta nel 1927, durante la Quinta Conferenza Solvay sulla fisica a Bruxelles. Einstein aveva letto l'articolo di Lemaître, e ne discussero insieme; non aveva nulla da ridire sui suoi calcoli, ma era in tale disaccordo con la sua interpretazione da chiamarla "abominevole". Allora Einstein si aggrappava ancora all'idea di un universo statico e alla sua costante cosmologica.

Quando si incontrarono di nuovo, nel 1933, Einstein aveva abbandonato questa teoria ed era più aperto all'idea di Lemaître. Aveva accettato l'idea di un universo in espansione, ma non quella di una singolarità iniziale. Consigliò l'astronomo belga di modificare il modello, sperando che con qualche aggiustamento si potesse eliminare la singolarità iniziale; ma presto Lemaître gli mostrò che anche il nuovo modello riconduceva a una singolarità.

UN UNIVERSO CHE SI RAFFREDDA

Dopo la Seconda guerra mondiale, Ralph Alpher e il suo supervisore di dottorato George Gamow avanzarono l'ipotesi che l'universo derivasse da una specie di zuppa bollente di particelle atomiche a una temperatura di trilioni di gradi. Questa zuppa ipotetica la chiamarono "ylem".

L'ylem si raffreddava espandendosi perché la sua energia veniva spalmata su volumi di spazio sempre più grandi. Gamow e Alpher volevano dimostrare che le condizioni iniziali da loro immaginate erano la fonte degli elementi nell'universo. Alcuni elementi, come idrogeno ed elio, erano molto comuni, mentre altri, come lo stagno e l'oro, molto più rari. Lavorarono ai loro calcoli per mesi, definendo gli

Ralph Alpher (1921-2007).

effetti dell'abbassamento della temperatura e della densità durante l'espansione dell'universo. Dai loro risultati sembrava che idrogeno ed elio dovessero essere di gran lunga gli elementi più comuni e che avrebbero dovuto esserci dieci atomi di idrogeno per ogni singolo atomo di elio. Questo rapporto corrispondeva esattamente a quello che era stato determinato dagli astronomi.

Nel 1948 Alpher, questa volta in collaborazione con Robert Herman, pubblicò un articolo nel quale ipotizzava che fosse ancora possibile rilevare la radiazione dei primi inizi dell'universo. Calcolarono che questa "radiazione cosmica di fondo", come era chiamata, avrebbe avuto una temperatura di circa –268 °C. Questo debole bagliore era l'ultima traccia rimasta dell'inimmaginabile scoppio di energia che aveva battezzato l'universo. Alpher tentò di convincere gli astronomi a cercare questa eco primordiale. Purtroppo non esistevano strumenti adatti a confutare o confermare la loro teoria; così, per quasi venti anni, fu messa da parte e quasi dimenticata.

Nel 1964 i radioastronomi americani Arno Penzias e Robert Wilson fecero finalmente una scoperta a supporto del Big Bang. Mentre testavano un rilevatore di microonde astronomiche chiamato "Antenna a tromba di Holmdel", scoprirono che lo strumento sembrava captare un segnale simile a un rumore proveniente da ogni parte del cielo.

COSA C'È IN UN NOME?

Alpher dovette confrontarsi con molti astronomi che resistevano all'idea che l'universo avesse un inizio. Nel 1950 l'astronomo britannico Fred Hoyle discusse il soggetto alla radio e derise le idee di Alpher e Gamow, dando ironicamente alla loro teoria il nome di "Big Bang". Hoyle rifiutava categoricamente l'idea di un universo in espansione. Preferiva la sua teoria dello "stato stazionario", secondo la quale l'universo rimaneva sostanzialmente invariato. Ma il termine Big Bang trovò posto nell'immaginazione popolare e da allora l'idea che l'universo ha avuto origine da un punto iniziale è conosciuta proprio col nome di "teoria del Big Bang".

All'inizio pensarono che si trattasse di un guasto causato da deiezioni di piccione; ma dopo avere pulito il rilevatore (e dato la caccia ai piccioni!) scoprirono che questo rumore veniva da oltre l'atmosfera, e da ogni direzione. Era invariabile e costante a qualsiasi ora del giorno.

Nello stesso periodo i fisici Robert Dicke e Jim Peebles preparavano un esperimento per verificare se, come sosteneva Alpher, fosse ancora possibile rilevare tracce di radiazioni provenienti dall'universo primordiale.

Si aspettavano che la luce originata dalle primissime stelle si fosse così tanto spostata verso il rosso nel corso del suo viaggio epico attraverso l'universo da mostrarsi a noi sotto forma di radiazione a microonde. Venuti a sapere del loro lavoro, Penzias e Wilson si misero in contatto con Dicke e Peebles per verificare se quello che avevano scoperto potesse essere ciò che Dicke e Peebles stavano cercando. Dicke confermò che, in effetti, i segnali misteriosi erano la radiazione cosmica di fondo e perciò la conferma del Big Bang. "Ci hanno battuto sul tempo", ammise.

E ADESSO CHE FACCIAMO?

Abbiamo stabilito che ci troviamo in un universo in espansione, e adesso? Il destino dell'universo dipende dall'equilibrio tra il tasso di espansione, che è espresso da un fattore chiamato "costante di Hubble", e l'incurvarsi dello spazio-tempo per effetto della gravità, che è determinata dalla quantità di massa nell'universo.

Gli esiti possibili sono tre. Nel primo scenario, la quantità di materia nell'u-

La prima volta che abbiamo sentito quell'inspiegabile ronzio non avevamo capito la sua importanza, e mai avremmo immaginato che avesse un legame con le origini dell'universo. È solo dopo aver esplorato ogni possibile ipotesi circa la sua origine che ci rendemmo conto di essere incappati in qualcosa di enorme.
Arno Penzias

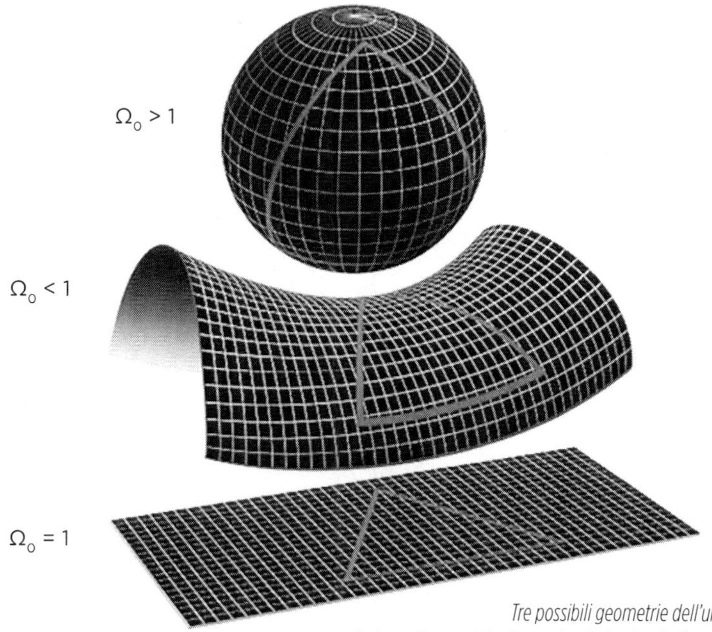

Tre possibili geometrie dell'universo in base alla quantità di materia: sferica, iperbolica e piatta.

DAL NULLA AL NULLA?

Il Big Bang non fu un'esplosione improvvisa che scaraventò tutta la materia dell'universo attraverso lo spazio. Prima del Big Bang non c'era uno spazio nel quale qualcosa potesse esplodere. Spazio, tempo e tutto il resto furono originati dal Big Bang. Non esiste nemmeno un "centro" dal quale tutto si è espanso: la macchina del tempo più prodigiosa immaginabile non vi permetterebbe di assistere al Big Bang. Né esiste luogo dal quale lo si sarebbe potuto osservare. Il Big Bang fu un'eruzione di spazio e tempo che portò con sé tutta la massa e l'energia dell'universo. Poiché per definizione l'universo racchiude in sé tutto lo spazio e il tempo così come li conosciamo, fare congetture su dove si stia espandendo non ha senso e non porterebbe ad alcuna risposta.

---

niverso è più grande di quella che i cosmologi chiamano "densità critica", così l'espansione progressivamente rallenta, si ferma ed è poi invertita dalla forza di gravità. Lo spazio-tempo si ripiega su se stesso come un pallone da spiaggia cosmico quadridimensionale e alla fine l'universo si sgonfia in un *Big Crunch*.

Nel secondo scenario la densità dell'universo è leggermente inferiore alla densità critica. L'universo continua a espandersi, ma a velocità decrescente.

Nel terzo scenario il tasso di espansione è sempre più veloce, e questo sembra riflettere l'attuale situazione. Le distanze che separano le galassie, già inimmaginabili, crescono ulteriormente. I risultati ottenuti dalla sonda spaziale WMAP e dalle osservazioni di supernove distanti sembrano suggerire che l'espansione dell'universo stia accelerando. Questo sottintende l'esistenza di una forza sconosciuta, chiamata a volte "energia oscura", che agisce in opposizione alla gravità. Questa forza richiama alla mente la costante cosmologica di Einstein.

La quantità di materia presente determina anche la geometria dell'universo. Se la densità dell'universo è più grande della densità critica, la geometria dello spazio è chiusa e curva come la superficie di una sfera. Se la densità dell'universo è inferiore alla densità critica, allora la geometria dello spazio è aperta (infinita) e curva come la superficie di una sella. Se infine la densità dell'universo fosse identica alla densità critica, la geometria dello spazio sarebbe piatta, come un foglio di carta, e infinita in tutte le direzioni. Secondo il pensiero corrente la densità dell'universo sarebbe molto simile alla densità critica, per cui la geometria dell'universo sarebbe piatta. Nel caso vi chiedeste quale sia questa densità critica, essa corrisponde a circa sei atomi d'idrogeno per metro cubo, un'inezia dalla quale dipende il destino dell'intero universo!

PIÙ VELOCE DELLA LUCE

Che ci crediate o no, alcune galassie si allontanano tra loro a velocità superiori a quella della luce. Come si spiega? È possibile che Einstein avesse torto? È importante ricordare che le galassie non sfrecciano disordinatamente attraverso l'universo. È l'universo che si espande, lo spazio stesso diventa più grande e così facendo trascina le galassie con sé. Quindi, anche se è impossibile viaggiare attraverso lo spazio più velocemente della luce, questa legge non si applica allo spazio stesso ed è effettivamente possibile che le distanze che separano le galassie aumentino a una velocità superiore a quella della luce.

POTERE È DOVERE?

Secondo la relatività generale l'universo potrebbe aver avuto inizio con un Big Bang. Ma la domanda che pose il fisico britannico Roger Penrose era: "La teoria della relatività generale prevede l'esistenza di un Big Bang? Cioè: dire che una cosa sarebbe potuta accadere equivale a dire che è accaduta?".

Nel 1965 Penrose mise insieme il modo in cui la relatività generale spiega il comportamento dei coni di luce con il fatto che la gravità è sempre una forza di attrazione. Dimostrò matematicamente che una stella che collassa per l'azione della propria gravità finirà necessariamente intrappolata in una regione di spazio che si riduce a zero.

Contenute all'interno di un volume pari a zero, la densità della materia e la curvatura dello spazio-tempo risultano infinite. La stella collassata forma la singolarità di un buco nero.

Mentre Penrose stava elaborando il suo teorema, Stephen Hawking cercava un soggetto per la sua tesi di dottorato. Lesse l'opera di Penrose e si rese conto che invertendo la direzione del tempo nel teorema (un'operazione che da un punto di vista scientifico è perfettamente valida), così che invece di collassare in uno zero si espandesse da zero, il

Sir Roger Penrose (n. 1931).

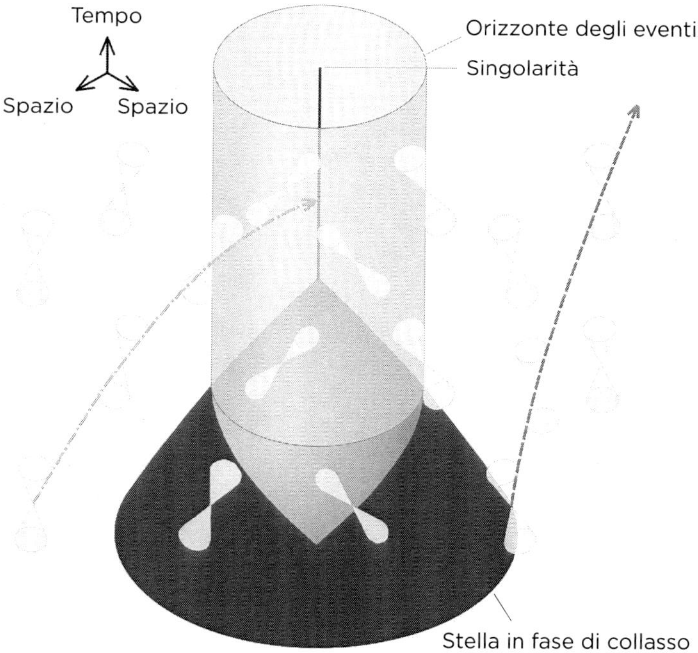

L'azione dei coni di luce vicino a un buco nero.

teorema rimaneva valido. Penrose aveva mostrato che una stella in fase di collasso era per forza destinata a diventare una singolarità. Hawking aveva dimostrato che se l'attuale modello di un universo in espansione era corretto, questo doveva per forza aver avuto inizio in una singolarità.

Nel 1970 Penrose e Hawking scrissero un articolo a quattro mani che provava matematicamente che, se la descrizione dell'universo formulata dalla teoria della relatività generale di Einstein era corretta, e l'universo conteneva tanta materia quanto suggeriva la nostra osservazione, allora l'universo doveva aver avuto inizio da una singolarità.

Scritte anni prima del lavoro di Hawking e Penrose, queste furono le ultime parole di Einstein sul Big Bang:

> *Non si può supporre che le equazioni valgano per densità elevate del campo o della materia, né si può concludere che l'"inizio dell'espansione" debba corrispondere a una singolarità in senso matematico.*

Fino a oggi la teoria generale della relatività di Einstein ha superato la prova del tempo e delle successive verifiche sperimentali. Nulla ha indotto gli scienziati a dubitare della sua validità come strumento per spiegare l'universo allo stato attuale. Ma il quadro è incompleto. La teoria non può descrivere cosa è successo all'inizio dell'universo perché prevede il collasso di tutte le leggi della fisica, inclusa se stessa, nella singolarità. Ci deve essere stato un tempo all'inizio della storia dell'universo nel quale gli eventi erano dominati dalle leggi dell'altro grande pilastro della scienza moderna, la meccanica quantistica.

CAPITOLO 20

DIO GIOCA A DADI?

UN'ALTRA TEORIA, LA STRANA SCIENZA DELLA MECCANICA QUANTISTICA, SCUOTE IL MONDO DELLA FISICA

Nel corso dell'ultimo secolo la fisica è stata dominata da due importanti teorie sul funzionamento dell'universo. La quasi simultanea entrata in scena della teoria dei quanti di Max Planck, nel 1900, e della relatività di Albert Einstein, nel 1905, diede inizio a un periodo che segnò la ricostruzione della fisica a partire dalle sue stesse fondamenta.

La teoria della relatività generale di Einstein funziona su una grande scala, descrivendo come la gravità modella l'universo di spazio e tempo. La meccanica quantistica descrive il funzionamento dell'universo su scala ridottissima, a livello degli atomi e anche più piccola. Il regno quantico è descritto come il "paese delle meraviglie" di Alice, nel quale gli eventi sono misteriosi, incerti e inspiegabili.

Le due teorie sono state messe alla prova con osservazioni ed esperimenti straordinariamente accurati, e sembra che entrambe riflettano l'universo com'è davvero. Il grattacapo da risolvere per la fisica è che queste teorie sono semplicemente inconciliabili. Le leggi della relatività che governano l'universo su una larga scala non sono applicabili sulla scala ridotta della meccanica quantistica. La cosa è vera anche all'inverso: la meccanica quantistica non ci dice niente del movimento delle galassie o della geometria dell'universo. A oggi, non c'è una teoria che riesca a combinare gravità e meccanica quantistica.

IL MODELLO DI BOHR

Nel 1913 il fisico danese Niels Bohr ideò una teoria della struttura dell'atomo basata sulle idee di Planck ed Einstein sui quanti. Voleva spiegare come gli atomi potevano emettere quanti di luce e il motivo per cui gli elettroni non ricadevano nel nucleo dopo aver perso energia. A questo fine teorizzò che gli elettroni in un atomo restano a distanze

PLANCK ED EINSTEIN

Max Planck e Albert Einstein avevano un rapporto di affetto e rispetto reciproco. In occasione del sessantesimo compleanno di Planck, Einstein parlò della "inestinguibile perseveranza e pazienza" del suo amico nel dedicarsi "ai problemi più generali della nostra scienza, senza lasciarsi distrarre da obiettivi più redditizi e facili da raggiungere".

E aggiunse: "Ho spesso sentito colleghi attribuire questa attitudine a una forza di volontà e disciplina fuori dal comune; credo che abbiano completamente torto. Lo stato emotivo che permette di raggiungere questi traguardi è comparabile a quello della persona di fede, o innamorata; la ricerca quotidiana non deriva da un progetto o un programma, ma da una necessità immediata". La stessa cosa si sarebbe potuta dire di Einstein.

fisse dal nucleo atomico, disposti su orbite, o gusci, intorno all'atomo.

Grazie a questo modello Bohr spiegò come fanno gli elettroni a saltare da un'orbita all'altra emettendo o assorbendo energia sotto forma di quanti di luce. Per esempio, se un elettrone salta su un'orbita più vicina al nucleo deve emettere un'energia pari alla differenza delle due orbite. Al contrario, per saltare su un'orbita più alta l'elettrone deve assorbire un quanto di luce di energia pari alla differenza tra le orbite.

La teoria di Bohr era utile per descrivere l'elettrone dell'atomo d'idrogeno, ma presentava dei problemi quando era applicata ad atomi più grandi con più elettroni. La sua insistenza su un numero limitato di orbite consentite aveva qualcosa di arbitrario, e sembrava condurre in un vicolo cieco. La nuova teoria della meccanica quantistica avrebbe superato questa difficoltà.

IL RITORNO DEL DUALISMO ONDA-PARTICELLA

Nella sua descrizione del dualismo fotoelettrico, Einstein aveva mostrato che la luce aveva le proprietà sia dell'onda sia della particella. In un esperimento condotto nel 1922 il fisico americano Arthur Holly Compton sottolineò la duplice natura onda-particellare della radiazione elettromagnetica. L'esperimento consisteva nell'inviare un fascio di raggi X attraverso un materiale bersaglio. Compton osservò che una piccola parte del fascio era deviata verso i lati a diversi angoli, e che i raggi X dispersi avevano lunghezze d'onda più lunghe del fascio originale. Questo cambiamento poteva essere spiegato solo supponendo che i raggi X fossero particelle dotate di distinte quantità di energia e quantità di moto, e applicando le leggi della conservazione di energia e della quantità di moto alla collisione tra fotoni ed elettroni.

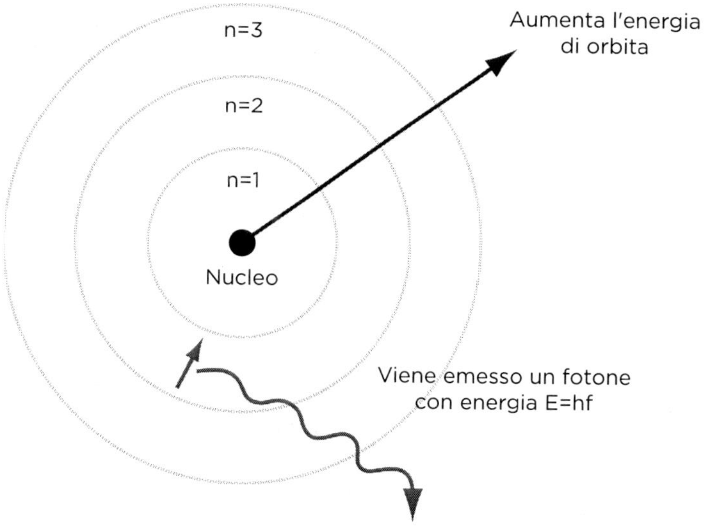

Il modello dell'atomo di Niels Bohr consiste in un nucleo caricato positivamente orbitato da elettroni caricati negativamente.

Quando i raggi X sono dispersi, la loro quantità di moto è in parte trasferita agli elettroni con i quali interagiscono. L'elettrone prende un po' di energia dal quanto di un raggio X, e di conseguenza la frequenza del raggio X è ridotta. Il cambio di quantità di energia e la variazione di frequenza provocata dalla dispersione sono entrambi spiegati dalla formula dei quanti di Einstein.

L'esperimento di Compton aveva stabilito l'esistenza dei fotoni, che era stata fino a quel momento messa in discussione. La meccanica quantistica fece la sua comparsa a pochi mesi da questa scoperta.

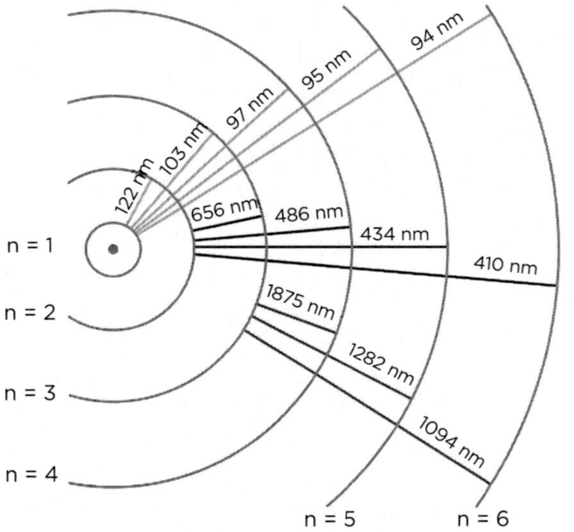

Quando un elettrone salta su un'orbita inferiore, il fotone di una lunghezza d'onda specifica è emesso producendo il caratteristico spettro dell'atomo.

C'È UN ELETTRONE LAGGIÙ?

Negli anni Venti i ricercatori studiavano il modo in cui un fascio di elettroni rimbalzava su un pezzo di nickel. In questo esperimento i cristalli di nickel si comportavano in modo simile alle due fessure usate nell'esperimento dell'interferenza della luce. In effetti questo era lo stesso tipo di esperimento, ma veniva utilizzato un flusso di elettroni al posto di un raggio di luce. Gli studi hanno rilevato che gli elettroni, come la luce, formavano una figura di interferenza: si comportavano come onde, proprio come de Broglie (vedi pag. 178) aveva predetto. Ma quale era la natura di queste onde?

Il fisico tedesco Max Born aveva capito che l'onda era come un grafico che delineava la probabilità di trovare l'elettrone in un luogo particolare. È più probabile infatti trovare l'elettrone dove è maggiore la grandezza del pacchetto d'onda; meno probabile trovarlo se la grandezza del pacchetto

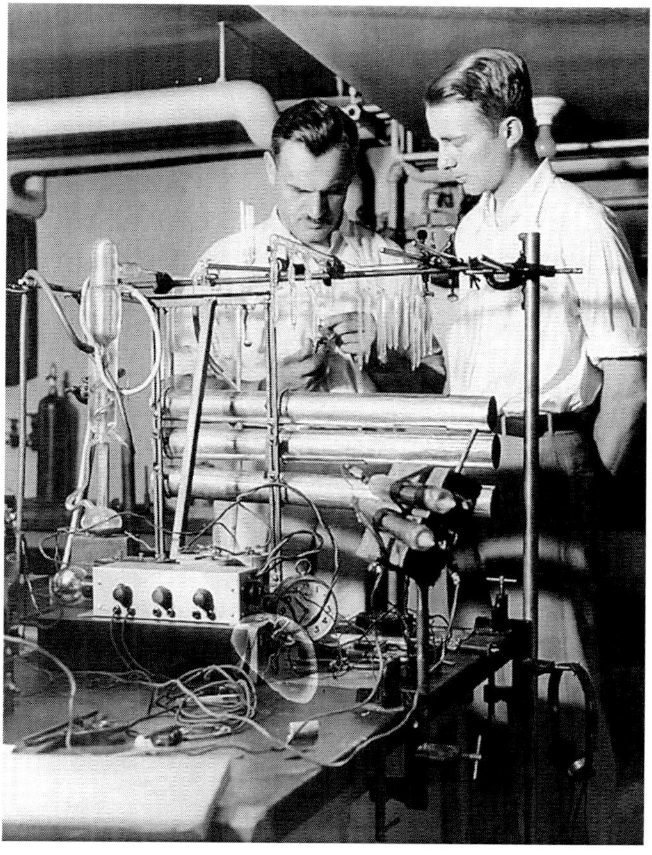

Arthur Compton (a destra) con Luis Alvarez nel 1933.

ONDA-PARTICELLA O PARTICELLA-ONDA?

Nella sua tesi di dottorato del 1932 il fisico francese Louis de Broglie affermò che non era solo la luce, ma tutta la materia e tutte le radiazioni ad avere caratteristiche sia di onda che di particelle. Appellandosi all'intuitiva convinzione della simmetria della natura e alla teoria di Einstein dei quanti di luce, de Broglie si chiese: "Se un'onda può comportarsi come una particella, cosa impedirebbe a una particella, come un elettrone, di comportarsi come un'onda?". De Broglie ragionò in questo modo: poiché la famosa formula di Einstein $E = mc^2$ metteva in relazione massa ed energia, ed Einstein e Planck avevano messo in relazione l'energia con la frequenza delle onde, allora le due insieme suggerivano che la massa avrebbe dovuto avere anche una forma ondulatoria. Einstein appoggiò l'idea di de Broglie perché sembrava una conseguenza naturale delle sue stesse teorie. Quando il collegio di dottorato gli chiese di commentare la tesi del francese, Einstein si espresse così:

"Credo che l'ipotesi di de Broglie rappresenti la prima fievole speranza di risolvere il più fitto dei misteri della fisica. Può sembrare una follia, ma in realtà funziona!".

Louis de Broglie (1931-1987).

d'onda è piccola. Questo è uno dei concetti più strani della meccanica quantistica: come fa una particella a essere forse qui o forse là?

Secondo Born, la natura ondulatoria della materia fa sì che tutto debba essere esaminato in termini di probabilità. Non c'è niente di definito nel regno quantico. Il meglio che possiamo fare è dire che l'elettrone è probabilmente da qualche parte, senza poter mai dire con certezza se c'è. Questo significa che possiamo svolgere un esperimento che riguarda gli elettroni e non ottenere sempre gli stessi risultati, anche se lo ripetiamo nello stesso modo. Possiamo misurare dei risultati probabili, ma non certi.

IL PRINCIPIO DI INDETERMINAZIONE DI HEISENBERG

Il famoso principio di indeterminazione di Werner Heisenberg, formulato per la prima volta nel 1927, mostrava l'impossibilità di sapere con certezza sia la posizione sia la quantità di moto di una particella nello stesso momento. Più è precisa la misura della quantità di moto di una particella, meno sarà possibile determinare la sua posizione con accuratezza. Se fosse possibile misurare la quantità di moto di un elettrone con assoluta precisione, la sua posizione di-

Werner Heisenberg (1901-1976).

Erwin Schrödinger (1887-1961).

venterebbe completamente indeterminata (sapremmo esattamente a che velocità si muove, ma non avremmo idea di dove si trovi). Se il dualismo onda-particella ha sorpreso i fisici classici, il principio di indeterminazione deve averli mandati in totale confusione. L'esperienza quotidiana non ci permette di intuire che sia possibile il principio di indeterminazione. Se siete al volante della vostra automobile, per esempio, avrete un'idea della sua posizione e velocità. Per il principio di indeterminazione di Heisenberg voi potreste sapere di viaggiare a 100 km orari, ma non sapreste se siete diretti a Bari o ad Aosta.

Queste incertezze non sono da imputare all'osservatore o a una strumentazione inadeguata. Heisenberg mostrò che l'incertezza nella quantità di moto moltiplicata per l'incertezza della posizione della particella non può mai essere inferiore alla costante di Planck: è una proprietà fondamentale dell'universo che mette un limite a quello che possiamo conoscere.

LE ONDE DI SCHRÖDINGER

Nel 1926 il fisico austriaco Erwin Schrödinger formulò un'equazione che determinava come queste funzioni d'onda si formano e come evolvono. L'equazione di Schrödinger descrive la forma delle funzioni d'onda che governano il moto di piccole particelle.

Essa definisce inoltre il modo in cui le onde sono alterate da influenze esterne. Schrödinger testò la sua equazione sull'atomo d'idrogeno, e trovò che prediceva le sue proprietà con grande precisione.

SULLA GIUSTA LUNGHEZZA D'ONDA

Secondo la formula elaborata da de Broglie persino i grandi oggetti hanno una natura ondulatoria. La lunghezza d'onda di de Broglie di una normale automobile che viaggia a 40 km/h è di circa 6×10^{-38} m. Un po' troppo piccola per poter essere misurata.

Si è detto che l'equazione di Schrödinger era tanto importante per la meccanica quantistica quanto le leggi del moto di Newton per la meccanica classica. Schrödinger stava provando a descrivere il regno quantico in termini matematici; non stava provando a costruire il tipo di modello su cui crearsi un'immagine, come la vecchia idea dell'atomo simile a un mini sistema solare. La meccanica quantistica mostrava come il regno dell'atomo potesse essere descritto in termini matematici precisi e rigorosi, ma con risultati che potevano essere visti solo in termini di probabilità, non di certezze.

Secondo la meccanica quantistica, quando effettuiamo una misura per individuare la posizione di una particella provochiamo il collasso della sua funzione d'onda. Quando sappiamo dove si trova non è più possibile che sia da qualche altra parte e la probabilità che si trovi da qualche altra parte scende a zero, mentre la probabilità che si trovi dove l'abbiamo osservata diventa del 100%.

È ancora oggetto di dibattito se la funzione d'onda sia un oggetto reale, fisico, o solo uno strumento matematico utile per calcolare le probabilità nel regno quantistico, ma senza alcun riscontro nella realtà. Da un punto di vista pratico, la cosa non sembra avere importanza. L'interpretazione di Copenaghen della teoria dei quanti (vedi pag. 182), sviluppata negli anni Venti in gran parte dai fisici Niels Bohr e Werner Heisenberg, trattava la funzione d'onda semplicemente come uno strumento per predire i risultati di osservazioni. Per essa i fisici non avrebbero dovuto preoccuparsi di immaginare l'aspetto della "realtà", un approccio che il fisico David Mermin riassunse con la memorabile formula: "Zitto e calcola!". Le certezze dell'universo meccanico di Newton erano ormai un ricordo sbiadito.

L'INTERPRETAZIONE DI COPENAGHEN

Nell'interpretazione di Copenaghen della meccanica quantistica, sostenuta da Niels Bohr e altri (e che prese il nome dalla città dove Bohr viveva), le proprietà di una particella quantistica non avevano un valore definito fino al momento in cui veniva effettuata una misurazione.

Il principio di complementarietà aveva un ruolo fondamentale nell'interpretazione di Copenaghen. Esso voleva che le due nature di onda e di particella degli oggetti fossero aspetti complementari di un'unica realtà, come le due facce di una moneta. Un elettrone o un fotone, per esempio, potevano comportarsi a volte come un'onda e a volte come una particella, ma mai allo stesso tempo, proprio come un lancio di moneta poteva dare testa o croce, ma non le due cose insieme.

Niels Bohr (1885-1962).

Per Niels Bohr era futile chiedersi cosa fosse un elet-

LE CONFERENZE DI SOLVAY

Istituite dall'industriale belga Ernest Solvay, le conferenze di Solvay su fisica e chimica si tengono a Bruxelles. La prima conferenza di fisica si svolse nel 1911; la prima dedicata alla chimica nel 1922. Seguono un programma triennale: fisica il primo anno, nessun congresso il secondo e chimica il terzo. La quinta conferenza di fisica, tenuta nel 1927, fu celebre per la funzione che svolse nella formulazione di idee che avrebbero dominato la meccanica quantistica e per la polemica sulla validità dell'interpretazione di Copenaghen tra Einstein da una parte e Niels Bohr, Werner Heisenberg e Max Born dall'altra.

I fisici più illustri al mondo si incontrarono per discutere la teoria dei quanti alla conferenza di Solvay del 1927. Einstein siede al centro della prima fila.

trone. Gli esperimenti pensati per misurare le onde trovavano delle onde, quelli invece per misurare le particelle vedevano particelle.

Non esisteva l'esperimento capace di mostrarci contemporaneamente onda e particella. La funzione d'onda è una completa trascrizione di una onda/particella. Quando la misurazione dell'onda/particella è completata, la funzione d'onda collassa. Qualsiasi informazione che non possa essere ottenuta dalla funzione d'onda non esiste.

Negli anni Venti Max Born disse che le particelle-onde erano misure di probabilità: non erano entità fisiche come le onde sonore o d'acqua. Non possiamo mai avere certezza di come si comporterà una singola particella; elettroni identici potrebbero fare cose diverse tutte le volte che è condotto un esperimento, così il risultato può essere predetto solo statisticamente.

L'interpretazione di Copenaghen della meccanica quantistica operò un chiasmo tra la classica fisica newtoniana e la fisica quantistica. Nella vita di tutti i giorni ci aspettiamo che ogni evento abbia una causa. Quel bicchiere d'acqua non è caduto da solo: si è rovesciato quando una persona è inciampata e ha urtato il tavolo sul quale poggiava. Non avevamo forse previsto che qualcuno avrebbe messo in moto questa catena di eventi, ma se fossimo stati a conoscenza di tutti i dettagli circostanziali, come la lunghezza della falcata della persona e l'altezza della piega formatasi sul tappeto che l'ha fatta inciampare, avremmo potuto ragionevolmente stimare la probabilità che il bicchiere si rovesciasse. Così, per la fisica classica, tutte le variabili sono presenti, anche se a volte sono difficili da misurare.

Nel mondo dei quanti, invece, non ci sono dettagli rilevanti da tenere in considerazione, c'è solo il caso. Il mondo dei quanti è solo probabilità statistica. La posizione dell'interpretazione di Copenaghen è che l'indeterminazione sia una caratteristica fondamentale della natura e non semplicemente il risultato dell'incompletezza della nostra conoscenza. Dobbiamo solo accettare che le cose siano così, senza provare a spiegarle.

L'OPINIONE DI EINSTEIN

Alcuni fisici, tra i quali Albert Einstein, erano preoccupati da questa mancanza di spiegazione. Nella primavera del 1927, a due secoli esatti dalla morte di Newton, venti anni dopo che Einstein ebbe stravolto gran parte della fisica classica con la sua teoria della relatività speciale, si lanciò in una difesa di meccanica classica e causalità. "Non è stata ancora detta l'ultima parola", disse Einstein. "Che lo spirito del metodo di Newton possa darci la forza di ripristinare l'armonia tra la realtà fisica e la caratteristica più profonda dell'insegnamento di Newton: la stretta causalità".

Einstein non poté mai accettare la teoria dei quanti; credeva che fosse corretta fino a dove si spingeva, ma anche fondamentalmente incompleta. Non poteva accettare una realtà definita da incertezza, probabilità e indeterminazione, perché era convinto che le probabilità della meccanica quantistica originassero da una lacuna nella nostra comprensione di come l'universo operava su scala atomica. Einstein pensava che quando avremmo ampliato le nostre conoscenze la certezza avrebbe sostituito la probabilità.

Una volta disse a un amico che quando giudicava una teoria si chiedeva se, al posto di Dio, "avrebbe progettato il mondo in tale maniera". Non poteva credere che ci fossero leggi che governavano gran parte di ciò che succedeva nell'universo, ma che sul piano fondamentale della realtà quantistica tutto dovesse essere lasciato al caso.

EINSTEIN E IL LASER

Tra tutti i suoi successi, il contributo di Einstein allo sviluppo del laser è forse uno dei meno conosciuti. "Laser" è un acronimo dall'inglese di *Light Amplification by Stimulated Emission of Radiation* (Amplificazione della luce mediante emissione stimolata della radiazione). Si tratta di uno strumento che crea e amplifica un raggio di luce sottile e focalizzato, e trova i suoi presupposti nell'articolo di Einstein del 1917 sulla teoria quantistica della radiazione.

In un laser, atomi o molecole di un cristallo, come rubino o granato, o di un gas o di un liquido, sono "pompati" per raggiungere livelli di energia più alti. Questo processo assomiglia allo sforzo che si fa quando si immette energia in un arco per tirare una freccia: il sistema si sposta a un livello energetico più alto che però non è stabile; basta poco affinché l'energia accumulata venga rilasciata. In un laser, l'arrivo di un fotone nel mezzo pompato a un livello energetico più alto causa il rilascio di questa energia sotto forma di fotoni che sono copie fedeli del fotone originale. Tale evento produce un'emissione di luce che perdura finché gli atomi emettono fotoni. Questo processo si chiama "emissione stimolata", evento che Einstein aveva valutato come una possibilità nel suo articolo del 1917.

Dopo aver portato a termine il lavoro sulla teoria della relatività generale, aveva rivolto il suo interesse allo studio dell'interazione tra materia e radiazione. Fu durante queste ricerche che ideò una migliore teoria statistica del calore, che includeva l'idea della quantizzazione dell'energia.

Einstein avanzò l'idea che un atomo in uno stato eccitato, che aveva assorbito un fotone, poteva tornare a un livello di energia inferiore riemettendo il fotone; un processo che chiamava "emissione spontanea". Previde anche che quando la luce attraversava una sostanza poteva stimolare l'emissione di altra luce. La sua ipotesi era che, avendo un grande numero di atomi in stato eccitato, tutti pronti a emettere un fotone, sarebbe stato sufficiente il passaggio di un fotone vagante per stimolarli a rilasciare i loro fotoni. Questi fotoni rilasciati avrebbero avuto la stessa frequenza e direzione del fotone originale.

Una cascata di fotoni veniva rilasciata mentre fotoni identici passavano attraverso il resto degli atomi. Einstein non applicò mai la sua teoria; per questo si dovette aspettare il 1960, quando fu costruito il primo laser.

Come Einstein scrisse in una lettera del 1926 inviata all'amico Max Born:

La meccanica quantistica è certo impressionante. Ma un istinto mi dice che non è ancora il punto di arrivo. La teoria dice molto, ma difficilmente ci avvicina al segreto dell'"Anziano". In ogni caso, io sono convinto che Lui non gioca a dadi.

CAPITOLO 21

ALLA FINE CHI AVEVA RAGIONE?

EINSTEIN E BOHR DISCUSSERO SULLA TEORIA DEI QUANTI PER INTERI DECENNI. È POSSIBILE DIRE CHI AVEVA RAGIONE E CHI TORTO?

Per tre decenni, fino alla morte di Einstein, il fisico tedesco e Niels Bohr misero a dura prova le rispettive idee e interpretazioni del mondo dei quanti. Il tono non era mai polemico, i due erano ottimi amici, ma ognuno rimaneva della proprio opinione e la difendeva con convinzione. Per Einstein c'era una realtà oggettiva che esisteva e poteva essere misurata, per Bohr invece l'atto stesso di misurare modificava la realtà. Per esempio, un elettrone non ha una posizione definita nello spazio finché qualcuno non decide di misurarlo.

LA DISPUTA TRA EINSTEIN E BOHR

Einstein e Bohr si sono incrociati più volte nel corso della quinta Conferenza di Solvay. Einstein capiva le idee proposte dalla meccanica quantistica, ma gli sembrava che non fornissero un quadro completo. Bohr, sicuro che Einstein avrebbe accolto l'interpretazione di Copenaghen, si trovò sorpreso e sgomento dal suo disaccordo. Dopo la conferenza la disputa tra Einstein e Bohr continuò: Einstein tentava di trovare delle falle nell'interpretazione di Bohr della meccanica quantistica, e Bohr difendeva la sua posizione. Einstein proponeva a Bohr un esperimento mentale e Bohr nel giro di qualche giorno trovava un difetto nell'argomentazione di Einstein.

Nel 1948 Bohr, in merito alle loro discussioni, ebbe a dire:

> *Ciascuno dei nostri incontri, breve o lungo che fosse, lasciò nella mia mente un ricordo profondo e indelebile.*

UNA SCATOLA PIENA DI LUCE

In una delle loro discussioni più famose Einstein chiese a Bohr di immaginare una scatola piena di luce. La scatola aveva un numero di orologi e bilance allestite al suo interno,

Niels Bohr e Albert Einstein.

e questi potevano essere usati per determinare sia l'energia che il tempo di rilascio di un singolo fotone. Per prima cosa la scatola doveva essere pesata, poi un singolo fotone sarebbe stato rilasciato attraverso un'apertura azionata da un meccanismo all'interno della scatola. Questa poi sarebbe stata pesata di nuovo e, conoscendo il cambiamento di massa, Einstein poteva calcolare l'energia del fotone grazie alla formula $E = mc^2$. In questo modo avrebbe misurato il cambiamento di energia e il momento preciso in cui il fotone sarebbe stato emesso, eludendo così il principio di indeterminazione. Pare che Bohr abbia passato una notte in bianco cercando una risposta da opporre alla scatola di luce di Einstein, poi finalmente ebbe un'illuminazione. Si rese conto che il fotone avrebbe avuto un contraccolpo nel momento in cui veniva sparato nella scatola, provocando così un'incertezza rispetto alla posizione dell'orologio nel campo gravitazionale della Terra. Poiché nella sua teoria generale della relatività lo stesso Einstein aveva dimostrato che gli orologi sono più lenti in un campo gravitazionale, il tempo registrato dall'orologio sarebbe stato soggetto a indeterminazione. Einstein si trovò a essere contraddetto dalla propria teoria!

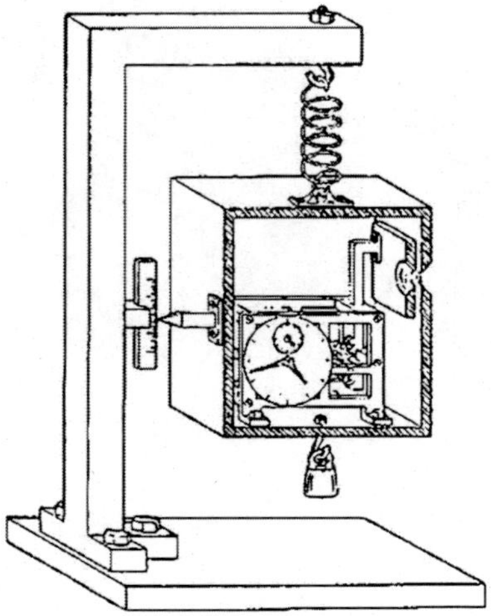

La scatola di Einstein conteneva radiazioni elettromagnetiche e un orologio che controllava l'apertura di una fenditura.

INQUIETANTE AZIONE A DISTANZA

Nel 1935 Einstein, in collaborazione con i colleghi Boris Podolsky e Nathan Rosen, propose un altro esperimento del pensiero per dimostrare che la meccanica quantistica non era una teoria fisica completa. Conosciuto col nome di "paradosso EPR", dal nome dei tre collaboratori, l'esperimento mentale voleva affrontare un curioso aspetto della meccanica quantistica chiamato "correlazione quantistica". Si trattava di un'idea secondo la quale il risultato di una misurazione su una particella di un sistema di correlazione quantistica poteva avere un effetto immediato su un'altra particella, a prescindere dalla distanza che separava le due.

Come abbiamo visto, uno dei pilastri fondanti della meccanica quantistica è l'idea di indeterminazione: è impossibile misurare tutte le caratteristiche di un sistema contemporaneamente, neppure in teoria. Non possiamo sapere, per esempio, la posizione e la quantità di moto, dobbiamo quindi scegliere di misurare l'una o l'altra, non le due insieme. Un'altra singolare qualità della meccanica quantistica è l'*entanglement* ("correlazione quantistica"). In un esempio di correlazione quantistica, due fotoni sono lasciati interagire così da poter successivamente essere definiti da un'unica funzione d'onda (come questo sia possibile in questa sede non ci interessa). Una volta separati, continueranno a condividere la stessa unica funzione d'onda. Ciò significa che misurarne uno determinerà lo stato dell'altro: se, per esempio, i due quanti hanno uno stato di correlazione quantistica a zero spin, allora, se una particella è risultata essere in uno stato di *spin-up*, l'altra deve per forza essere in uno stato di *spin-down*. Questo fenomeno è conosciuto ufficialmente col nome di "comportamento non-locale". Einstein lo chiamava "inquietante azione a distanza". Lo scienziato ammetteva che la meccanica quantistica poteva predire con precisione gli esiti

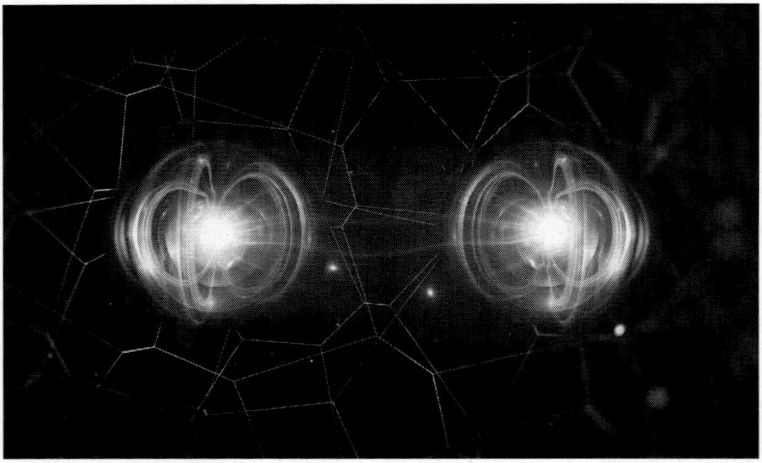

Correlazione quantistica.

di vari esperimenti. Sapeva che non era "sbagliata", ma sosteneva che non fosse ancora completa, e il paradosso di EPR era un altro tentativo di dimostrare questa incompiutezza. Il titolo dell'articolo era: *La descrizione quantistica della realtà fisica può ritenersi completa?* Per Einstein esistevano proprietà del sistema quantistico ancora inesplorate, che lui chiamava "variabili nascoste", che una volta conosciute avrebbero giustificato le osservazioni e fornito una spiegazione per l'"azione inquietante". Naturalmente Bohr non era d'accordo con la posizione di Einstein e difese strenuamente l'interpretazione di Copenaghen della meccanica quantistica.

Einstein e i suoi co-relatori cominciarono ponendo la premessa che se ci fosse stato un modo per sapere con certezza assoluta la posizione di una particella, senza disturbare la particella osservandola direttamente, allora avremmo potuto dire che la particella esisteva nella realtà, indipendentemente dalle nostre osservazioni.

Avendo due particelle quantistiche correlate potremmo allora osservare le proprietà di una particella, e ciò ci permetterebbe di conoscere lo stato della seconda particella senza disturbarla in nessun modo. Misurando, ad esempio, la quantità di moto della prima particella, possiamo acquisire una conoscenza precisa della quantità di moto della seconda, e la stessa cosa possiamo fare per altre proprietà, come la posizione. Così la seconda particella, che non abbiamo direttamente osservato, ha delle proprietà che conosciamo. Ha una quantità di moto reale, e una posizione reale. Poiché la meccanica quantistica ci dice che non possiamo conoscere entrambe queste proprietà, ne consegue che il modo in cui essa descrive la realtà è incompleto.

L'alternativa, sostennero Einstein e i suoi colleghi, era accettare che l'atto di misurare la prima particella alterava la realtà della seconda, facendola immediatamente uniformare alla realtà della prima particella, anche se queste si fossero trovate ad anni luce di distanza.

LO SPIN

Negli anni Venti Otto Stern e Walther Gerlach condussero una serie di importanti esperimenti all'Università di Amburgo. Sapendo che tutte le cariche in movimento generano dei campi magnetici, volevano misurare i campi magnetici prodotti dagli elettroni in orbita attorno ai nuclei degli atomi. I fisici furono sorpresi quando scoprirono che gli elettroni stessi si comportavano come se stessero ruotando molto rapidamente, producendo minuscoli campi magnetici indipendenti da quelli derivati dai loro moti orbitali. Per descrivere questa apparente rotazione delle particelle subatomiche fu usato il termine "spin". Da questo non bisogna trarre la conclusione che gli elettroni siano piccoli corpi solidi che ruotano nello spazio atomico: non è così.

In una lettera indirizzata a Werner Heisenberg, Wolfgang Pauli espresse la sua opinione senza mezzi termini:

> *Ancora una volta Einstein si è espresso pubblicamente a proposito della meccanica quantistica (e con lui Podolsky e Rosen, una compagnia davvero pessima). Come è noto, ogni volta che lo fa è un disastro.*

Quando Bohr lesse il paradosso EPR, seppe che era necessario trovare una replica efficace a Einstein. Uno dei colleghi di Bohr a Copenaghen raccontò che l'EPR li sorprese come un fulmine a ciel sereno, e disse: "Tutto il resto dovette essere messo da parte. Dovevamo chiarire l'equivoco quanto prima". Non fu un compito facile. A Bohr servirono sei settimane di impegno febbrile prima di avere pronta una risposta. Bohr ammise che nell'articolo di Einstein "non si trattava di una interferenza meccanica del sistema preso in esame". Fino ad allora Bohr aveva affermato che l'interferenza prodotta dalla misurazione di una particella avrebbe avuto come conseguenza l'indeterminazione quantistica. Adesso rinunciava a questa idea. Nel corso di varie discussioni alle Conferenze di Solvay aveva spesso fatto ricorso al principio di indeterminazione per invalidare gli esperimenti mentali di Einstein. Adesso, invece, si serviva del concetto di complementarietà. L'aspetto più importante di un esperimento quantistico, disse, sono le condizioni in cui l'esperimento è realizzato. Se si scelgono un insieme di condizioni, per esempio un esperimento che coinvolge le proprietà ondulatorie, allora le proprietà ondulatorie saranno ciò che si vede. Scegliendo qualcos'altro, invece, si scoprirebbe un aspetto complementare alle proprietà ondulatorie. Per Bohr, nel paradosso di EPR questi elementi erano assenti, perciò non rappresentava una valida confutazione dell'interpretazione di Copenaghen della meccanica quantistica. Se due particelle sono correlate, sostenne Bohr, esse rappresentano a tutti gli effetti un'unica funzione quantica. Rimarcò inoltre che il paradosso di EPR non aveva respinto in maniera efficace il principio di indeterminazione. Rimaneva impossibile conoscere allo stesso tempo l'esatta posizione e l'esatta quantità di moto di una particella. Se conosci la posizione di A, conosci la posizione di B, e conoscere la quantità di moto di A ti dice la quantità di moto di B. Ma ancora non puoi sapere con precisione queste due cose per A, e così non puoi saperle neppure per B. Non c'era nessuna contraddizione col principio di indeterminazione.

Einstein dal canto suo era convinto di essere sulla via giusta. La sua teoria della relatività non permetteva "inquietanti azioni a distanza". Le aveva vietate alla gravità di Newton e non intendeva essere permissivo con la meccanica quantistica. Questa, diceva, era in violazione di due principi fondamentali: il principio di separabilità, per cui due sistemi separati nello spazio hanno un'esistenza indipendente, e il principio di località, secondo il quale apportare una modifica a un sistema non può avere conseguenze immediate sull'altro.

LA SCATOLA DI EINSTEIN, IL GATTO DI SCHRÖDINGER

Erwin Schrödinger era tra quelli che, a fianco di Einstein, si opponevano all'interpretazione di Copenaghen. Disse del paradosso di EPR: "Ha creato il panico, come un luccio nello stagno dei pesci rossi". Pensava che la sua equazione d'onda fosse stata usata in modo improprio e a volte rimpiangeva di averla sviluppata. Una volta disse della meccanica quantistica: "Non mi piace, e mi dispiace di averci avuto a che fare". In una lettera del 1928 a Schrödinger, Einstein si lamentava:

> *La tranquillizzante religione di Heisenberg e Bohr [...] fornisce al vero adepto un comodo cuscino da cui difficilmente potrà staccarsi.*

Einstein pensava che il principio di indeterminazione di Heisenberg potesse essere una dimostrazione dei limiti imposti dalla natura a quello che possiamo sapere di un oggetto quantistico. Non pensava tuttavia che da questi limiti si dovesse dedurre l'assenza di una realtà più profonda, più determinista, ma solo che non ci era concesso accedervi.

Nel 1935 Einstein presentò un esperimento mentale a Schrödinger che illustrava le ragioni per cui funzioni d'onda e probabilità lo mettevano così a disagio. Disse: "Immagina due scatole. Una contiene una palla, l'altra è vuota. Prima di guardare in una delle scatole, abbiamo un 50% di possibilità di trovare la palla. Dopo, la possibilità che la palla sia lì sono del 100% o dello 0%. Però, in realtà, la palla è sempre stata al 100% in una delle scatole". Scrisse Einstein:

> *La probabilità che la palla si trovi nella prima scatola è del 50%. Possiamo chiamarla una descrizione accurata? NO: una descrizione accurata sarebbe che la palla è (o non è) nella prima scatola... SÌ: prima di aprirle, la palla non si trova in nessuna delle due scatole. La sua presenza in una specifica scatola si realizza solo nel momento in cui sollevo i coperchi.*

Si capisce chiaramente che Einstein preferiva la prima risposta a quella quanto-meccanica. Secondo Niels Bohr e l'interpretazione di Copenaghen la palla esiste in uno stato di sovrapposizione; è cioè in entrambe le scatole fino al momento in cui le apri per vedere dov'è. È l'atto di osservare a scegliere. La risposta di Einstein si basava sul buon senso ma, come aveva dimostrato lui stesso con le sue teorie della relatività, non sempre il buon senso era uno strumento affidabile per esaminare i meccanismi della natura.

Schrödinger propose il suo esperimento mentale, che entrò a far parte della tradizione quantistica. Prendeva in esame un concetto centrale della meccanica quantistica, cioè che il momento dell'emissione di un neutrone da parte di un nucleo in degrado è indeterminato finché non è osservato. Nel mondo quantico il nucleo esiste simultaneamente negli stati di degrado e non di degrado fino a quando l'osservazione non collassa la sua funzione di onda e diventa a quel punto uno dei due. È una situazione che potremmo a malincuore accettare come vera nello strano regno dei quanti, ma questi fatti bizzarri come possono essere portati su più ampia scala nel mondo "reale"?

Nel suo esperimento mentale, Schrödinger pose la seguente domanda: "In quale momento il sistema passa da uno stato di sovrapposizione a una realtà definita?"

E qui entra in scena il gatto.

"Un gatto è rinchiuso in una scatola", scrisse Schrödinger, "insieme al seguente dispositivo: in un contatore Geiger c'è una minuscola quantità di sostanza radioattiva, così piccola che forse nel giro di un'ora uno degli atomi decade, ma forse, con uguale probabilità, non ne decade nessuno; se succede... un relè libera un martello che spezza una fialetta di acido cianidrico".

Schrödinger spiegò che la funzione d'onda dell'intero sistema esprimerebbe ciò comprendendo in sé il gatto vivo e il gatto morto "mescolati o confusi insieme". Einstein e Schrödinger erano soddisfatti che il loro esperimento mentale avesse dimostrato il loro punto di vista, cioè che c'era qualcosa di profondamente sbagliato nell'interpretazione di Copenaghen. Einstein disse che una funzione d'onda che contenesse "sia il gatto vivo che il gatto morto non poteva essere considerata come descrittiva di una situazione reale". Nel 1948 scrisse a Max Born:

> *Tu credi in un Dio che gioca a dadi, io credo invece che tutto ubbidisca a una legge, in un mondo di realtà obiettive, che cerco di cogliere per via furiosamente speculativa.*

Max Born (1882-1970).

Per Niels Bohr non c'era motivo per cui le regole della fisica classica, che reggono ciò che succede nel mondo che ci è familiare, dovessero anche applicarsi al regno quantico. Quello che i fisici quantistici stavano scoprendo era semplicemente il vero stato delle cose, e pazienza se Einstein non era d'accordo. Pare che a un certo punto un Bohr particolarmente esasperato abbia detto a Einstein: "Smettila di dire a Dio cosa deve fare!".

Esprimendo il senso di disappunto provato da molti fisici, Max Born disse che Einstein era stato:

Un pioniere nello sforzo di conquista della landa desolata dei fenomeni quantici. Però dopo, quando dal suo lavoro emerse una sintesi di principi quantici e statistici che fu accolta dalla quasi totalità dei fisici, lui si fece distante e scettico. Molti di noi considerano questo una tragedia: per lui, che procede a tentoni in solitudine, e per noi, che rimaniamo privi della nostra guida e portabandiera.

Einstein non accettò mai le probabilità e incertezze della meccanica quantistica, e spese la sua vita alla ricerca di un ordine alla base di tutto. Tuttavia, negli anni successivi alla morte di Einstein, la meccanica quantistica ha resistito alle verifiche degli esperimenti, e tutto ci induce a pensare che egli fosse in errore. Come disse Stephen Hawking durante una lezione nel 1997:

Era Einstein a essere confuso, non la teoria quantistica.

CAPITOLO 22

EINSTEIN È STATO DAVVERO "IL PADRE DELLA BOMBA ATOMICA"?

CHE RUOLO HA RICOPERTO EINSTEIN NELLO SVILUPPO DELLA BOMBA ATOMICA?

Quando pensiamo alla celebre equazione di Einstein $E = mc^2$, finiamo sempre per associarla all'invenzione della bomba atomica. La prima volta che ci si riferì a Einstein come al "padre della bomba" fu probabilmente in un articolo della rivista *Time*. Per fugare ogni dubbio, la copertina del 1° luglio del 1946 raffigurava un'immagine di Einstein con, sullo sfondo, un fungo atomico marchiato dalla formula $E = mc^2$.

ALLA SCOPERTA DELL'ATOMO

Più o meno nel periodo in cui Einstein lavorava alla relatività generale, Ernest Rutherford studiava la struttura dell'atomo nel laboratorio Cavendish a Cambridge, in Inghilterra. Nel 1907 Rutherford ideò un esperimento per dimostrare che l'atomo aveva un centro, che lui aveva chiamato nu-

Ernest Rutherford (1871-1937).

cleo. Questo accadeva solo due anni dopo che l'articolo di Einstein sul moto browniano aveva confermato l'esistenza degli atomi. Già nel 1919, l'anno in cui Arthur Eddington confermò la teoria della relatività generale grazie alle sue osservazioni dell'eclissi, Rutherford era riuscito a trasformare l'azoto atomico in idrogeno o, come dicevano i giornali, a "dividere l'atomo".

Uno degli allievi di Rutherford era Niels Bohr, che aveva formulato il modello della struttura atomica che illustrava come un atomo eccitato potesse emettere fotoni di diverse energie. Questo si collegava all'idea di Einstein che la luce fosse un flusso di particelle. Gli scienziati cominciarono a trovare prove della correttezza della formula $E = mc^2$. Il chimico e fisico britannico Francis Ashton, anche lui ricercatore al Cavendish, effettuò attente misurazioni dei pesi atomici degli elementi e fu sorpreso nel constatare che mancava una minuscola quantità di massa. Questa, era convinto, doveva essere l'energia che teneva insieme gli atomi, che chiamò "energia di legame". Calcolò che se fosse stato possibile trasformare l'idrogeno, l'elemento più leggero, in elio, il successivo 1% più leggero della massa sarebbe stato annientato e rilasciato sotto forma di energia. Secondo la formula di Einstein ci sarebbe stata sufficiente energia in un bicchiere d'acqua da far viaggiare una nave a vapore attraverso l'Oceano Atlantico e ritorno.

Questa fu la prima volta che l'equazione di Einstein fu associata alla ricerca atomica. Ma come potevano fare gli scienziati per accedere a quella riserva di energia enorme e non ancora sfruttata? Per molti era quasi impossibile, e tra questi c'era anche Rutherford, che in un discorso nel 1933 scartò l'idea definendola "semplicemente una fesseria". Come si è visto, i tentativi di sbloccare l'energia dell'atomo cominciarono a dare segnali incoraggianti proprio quando il mondo intero si mise sul piede di guerra.

IN VIAGGIO VERSO LA BOMBA

Un anno prima del commento di Rutherford, nel laboratorio Cavendish si era fatto un decisivo passo in avanti: la scoperta del neutrone del nucleo atomico. I neutroni sono particelle altamente penetranti; se i nuclei atomici dovessero essere distrutti per rilasciare la loro energia, i neutroni sarebbero le scintille che accendono il fuoco.

Nel 1934 Irene Curie, figlia di Marie, era riuscita a creare un nuovo elemento radioattivo. Nello stesso anno, a Roma, Enrico Fermi dimostrò che rallentare i neutroni poteva trasformarli in acceleratori di particelle più efficaci. A Berlino nel 1938 Otto Hahn rimase sbalordito quando bombardò l'uranio con neutroni e scoprì che gli rimaneva del bario. Collaborando con la fisica austriaca Lise Meitner e suo nipote Otto Frisch, Hahn si rese conto che, dividendo l'atomo di uranio, veniva rilasciata parte della sua energia di legame. Fu questa la prima dimostrazione riuscita della fissione nucleare.

La voce si sparse presto attraverso la comunità dei fisici. Uno scienziato ungherese che ne ebbe notizia, Leo Szilard, che viveva e lavorava a New York, era amico di Einstein. Con il suo aiuto, Szilard aveva conseguito il dottorato in fisica a Berlino. Era un teorico, e dal 1933 aveva studiato la possibilità che un atomo diviso da un neutrone potesse rilasciare due altri neutroni, dando così il via a una reazione a catena. Nel marzo del 1939, insieme a Fermi, Szilard dimostrò che era proprio così. A Princeton, Niels Bohr aveva determinato che l'isotopo di uranio U-235 era quello che fissionava più facilmente quando era bombardato con neutroni. Ma questo rappresentava meno dell'1% dell'uranio naturale, e sarebbe stato molto difficile separarlo. Riuscire a farlo, avvertì Bohr, avrebbe però innescato un'esplosione atomica devastante.

In Germania, nello stesso periodo, i fisici inseguivano la stessa idea di Szilard. Preoccupato per le possibili conseguenze,

Szilard spinse per attuare misure di massima sicurezza per secretare le informazioni riguardanti la ricerca nucleare negli Stati Uniti, Regno Unito, Francia e Danimarca. Aveva ragione a preoccuparsi: i nazisti lanciarono un programma di ricerca sulla fissione nell'aprile del 1939.

Quando al fisico teorico americano Robert Oppenheimer giunse voce della scoperta della fissione nucleare, dichiarò la cosa "impossibile". Ma quando gli dimostrarono che l'esperimento aveva funzionato, si mise anche lui a indagare le reazioni a catena. Nel giro di qualche giorno aveva un primo progetto rudimentale di una bomba atomica. Oppenheimer si trovò successivamente a capo del Progetto Manhattan, il nome in codice per lo sviluppo top-secret della bomba atomica da parte degli alleati nella Seconda guerra mondiale.

EINSTEIN E ROOSEVELT

Il 2 agosto del 1939 Szilard fece visita a Einstein e lo esortò a scrivere al presidente Roosevelt per convincerlo della necessità di lanciare un programma per lo sviluppo di armi nucleari. Frutto di questa visita fu la lettera che Einstein inviò a Roosevelt l'11 ottobre del 1939. In essa lo scienziato lo avvertiva della possibilità di ottenere, in tempi brevi, una reazione a catena nell'uranio che avrebbe prodotto una quantità di potenza enorme. Scrisse:

> *Questo nuovo fenomeno condurrebbe anche alla costruzione di bombe, ed è plausibile, benché molto meno probabile, che queste bombe estremamente potenti possano così essere costruite. Una sola bomba di questo genere, trasportata da una nave e fatta esplodere in un porto, potrebbe distruggere il porto nella sua interezza e parte del territorio che lo circonda. Tuttavia tali bombe potrebbero essere troppo pesanti per il trasporto aereo.*

Einstein proseguì paventando l'idea che la Germania nazista avesse già cominciato tali ricerche.

Il presidente Roosevelt rispose che aveva trovato i dati di tale importanza che aveva convocato un consiglio per indagare a fondo sulle possibilità del loro suggerimento per quanto riguardava l'elemento di uranio.

Secondo il biografo di Einstein, Abraham Pais, ci sono opinioni contrastanti a proposito di quanta influenza la lettera di Einstein abbia esercitato su Roosevelt. Per Pais la lettera ebbe un effetto modesto. Egli sottolineò che se è vero che Roosevelt aveva nominato un comitato consultivo, lo è anche che non diede il via libera a uno sviluppo di armi atomiche su larga scala fino all'ottobre del 1941. E fu solo il 6 dicembre del 1941, il giorno che precedette l'attacco giapponese di Pearl Harbor, che il Progetto Manhattan fu lanciato.

Benché abbia contribuito al suo decollo, Einstein non lavorò mai direttamente al Progetto Manhattan. Non fu invitato a parteciparvi, né fu mai ufficialmente informato

IL FRIGORIFERO DI EINSTEIN-SZILARD

Einstein e Szilard si prefissero la missione di inventare un frigorifero domestico silenzioso. Una parte della loro invenzione era la pompa di Einstein-Szilard, descritta più tardi da Einstein come uno strumento che si serviva di una corrente elettrica alternata per generare un campo magnetico che muoveva una miscela liquida di sodio e potassio. La miscela, secondo Einstein, "muove in direzioni alternate all'interno di un cilindro e agisce da pistone della pompa; il refrigerante (all'interno del cilindro) è così liquefatto meccanicamente, e il freddo è prodotto dalla sua ri-evaporazione". Il frigorifero di Einstein-Szilard non fu mai messo sul mercato, anche per il pericolo rappresentato dalle fuoriuscite del refrigerante tossico.

della sua esistenza. J. Edgar Hoover, il direttore dell'FBI, non si fidava del suo pacifismo e lo riteneva un rischio per la sicurezza. Tra le altre cose, Hoover affermava che Einstein avesse appoggiato un congresso contro la guerra nel 1932 e che fosse filosovietico. In realtà Einstein si era rifiutato di partecipare al congresso, e aveva denunciato l'Unione Sovietica per la sua "totale repressione dell'individuo e della libertà di espressione".

Un ciclotrone "alfa" (alpha calutron tank)*: uno spettrometro di massa usato per separare gli isotopi di uranio e basato su una modifica del ciclotrone.*

Einstein ebbe però una piccola parte nel Progetto Manhattan. Gli fu chiesto da Vannevar Bush, uno degli scienziati principali del gruppo, di aiutarlo con un problema che riguardava la separazione degli isotopi. Dopo due giorni di lavoro su un processo in cui l'uranio era convertito in gas e fatto passare attraverso dei filtri, Einstein mandò il suo rapporto. Gli scienziati che lo lessero avrebbero voluto che Einstein assumesse un ruolo più preminente nel progetto, ma Bush si oppose: "Mi piacerebbe molto metterlo al corrente di tutto e dargli totale fiducia", scrisse, "ma è completamente impossibile visto l'atteggiamento della gente qui a Washington". Nel dicembre 1944 Einstein ricevette la visita del suo amico Otto Stern, che aveva contribuito al Progetto Manhattan. E quando Stern gli confidò che il progetto si avviava al completamento, Einstein decise di confidare per lettera a Niels Bohr la sua preoccupazione per il controllo futuro delle armi nucleari. Scrisse: "I politici non sono consapevoli delle implicazioni e perciò non possono immaginare la portata del pericolo".

Bohr andò a trovare Einstein e gli raccomandò di fare attenzione a condividere liberamente le proprie posizioni, e lo avvertì delle "conseguenze più deplorevoli" se fosse trapelata notizia dello sviluppo della bomba. Einstein si trovò d'accordo.

Il 6 agosto 1945 una bomba atomica spazzò via la città giapponese di Hiroshima. Einstein soggiornava in un cottage in affitto nei monti Adirondack quando sentì la notizia.

EINSTEIN ALL'ASTA

Per dare un contributo allo sforzo bellico, Einstein mise all'asta il suo articolo sulla relatività speciale. Non era quello originale: Einstein lo aveva gettato dopo la sua pubblicazione. Per replicare il manoscritto se lo fece dettare dalla sua assistente Helen Dukas e lo trascrisse a mano. Questo e un altro manoscritto vennero venduti a 11,5 milioni di dollari.

Qualche giorno dopo, in seguito allo sganciamento di una seconda bomba su Nagasaki, fu pubblicato un rapporto che esponeva in dettaglio lo sviluppo della bomba. Con grande stupore di Einstein, esso metteva in risalto la sua lettera a Roosevelt. Questa è una delle ragioni per cui, nell'immaginario popolare, la figura di Einstein è associata alla bomba, anche se, nella realtà, ebbe un ruolo marginale alla sua messa a punto.

DOPO LA GUERRA

In un'intervista rilasciata alla rivista *Newsweek* Einstein dichiarò:

> *Se avessi saputo che i tedeschi non sarebbero riusciti a produrre una bomba atomica non avrei mosso un dito.*

E, nel dicembre 1945:

> *La prima bomba atomica non si limitò a distruggere la città di Hiroshima. Ridusse in frantumi anche le nostre tradizionali e obsolete concezioni politiche.*

Einstein era il presidente del Comitato d'emergenza degli scienziati atomici, un gruppo che si riunì tra il 1946 e il

1949. Nello statuto del gruppo espresse la convinzione della necessità di:

> *Promuovere l'uso dell'energia atomica a beneficio del genere umano [e] diffondere consapevolezza e informazioni a proposito dell'energia atomica [...] affinché una cittadinanza informata possa, con cognizione di causa, determinare e modellare la sua azione perché sia al servizio degli interessi propri e del genere umano nel suo insieme.*

CAPITOLO 23

È POSSIBILE TROVARE UNA TEORIA DEL TUTTO?

OGGI I TEORICI SONO ANCORA ALLA RICERCA DI UN MODO DI UNIRE RELATIVITÀ E MECCANICA QUANTISTICA. A CHE PUNTO SONO?

La teoria della relatività di Einstein fornisce uno schema per capire l'universo a livello di stelle e galassie. La teoria dei quanti descrive il funzionamento dell'universo a livello di atomi e particelle. Entrambe le teorie sono state testate in termini di accuratezza inimmaginabili, ed entrambe sembrano funzionare, ma persiste il problema di trovare un modo di unirle. Se si usa la meccanica quantistica insieme alla relatività generale per calcolare la probabilità di un processo che richiede la presenza di forza di gravità, la risposta che si ottiene è una probabilità infinita. Ogni risposta che dà una probabilità superiore al 100% è priva di significato, dimostra solo che è impossibile combinare la relatività generale con la meccanica quantistica.

Einstein spese gli ultimi trenta anni della sua vita alla ricerca del modo di unire elettromagnetismo e gravità, ma invano. Era sicuro che dovesse esserci un'unica teoria che abbracciava tutti i fenomeni fisici dell'universo. Nel corso del suo discorso di accettazione del Premio Nobel disse:

> *L'intelletto in cerca di una teoria integrata non può accontentarsi dell'ipotesi che esistano due campi distinti, per natura completamente indipendenti l'uno dall'altro.*

Quando negli anni Venti Einstein cominciò a lavorare su una teoria dei campi unificati, l'elettromagnetismo e la gravità erano le sole interazioni conosciute, e le sole particelle subatomiche di cui si conosceva l'esistenza erano gli elettroni e i protoni. Oggi i fisici sanno che esistono altre due interazioni fondamentali: una interazione forte che lega insieme i nuclei atomici, e una interazione debole che governa il decadimento radioattivo. Esiste inoltre un vasto campionario di particelle come i quark, i muoni, i gluoni e i neutrini. Ai tempi di Einstein la maggioranza dei fisici sembrava poco interessata alla formulazione di una teoria che incorporasse elettromagnetismo e gravità. L'oggetto del loro entusiasmo era invece lo strano e meraviglioso mondo della meccanica quantistica, da poco scoperto e ancora tutto da esplorare.

Einstein, tuttavia, non era solo nella sua ricerca; anche altri scienziati rivolsero la loro attenzione al problema dell'unificazione. Nel 1918 il matematico tedesco Hermann Weyl aveva proposto uno schema di unificazione basato sulla generalizzazione della geometria dello spazio ricurvo, che Einstein aveva usato nello sviluppo della sua teoria della relatività generale. Traendo ispirazione dal lavoro di Weyl, il matematico Theodor Kaluza, anche lui tedesco, mostrò che se lo spazio-tempo fosse stato esteso a cinque dimensioni, quattro di queste avrebbero incluso le equazioni della relatività generale di Einstein, mentre l'introduzione della quinta dimensione avrebbe permesso di includere in un singolo modello matematico anche le equazioni di Maxwell per l'elettromagnetismo. Successivamente, lo svedese Oskar Klein ipotizzò che queste dimensioni aggiuntive rispetto alle tre estese, note, fossero arrotolate e soprattutto su scala talmente piccola da non poter essere di fatto rilevabili.

A Einstein piaceva l'idea dell'approccio penta-dimensionale. Scrisse a Kaluza nel 1919:

> *L'idea di raggiungere l'unificazione attraverso un mondo cilindrico a cinque dimensioni non mi sarebbe mai venuta in mente. [...] È un'idea che da subito mi piace enormemente.*

Einstein prese anche in considerazione l'approccio che consisteva nell'estendere la relatività generale in modo da includere l'elettromagnetismo, ma conservando la geometria a quattro dimensioni dello spazio-tempo. Negli ultimi trent'anni della sua vita continuò a insistere su queste due idee, ma non riuscì a trovare la risposta che cercava. "Gran parte delle idee nate dal mio intelletto è finita molto giovane nel cimitero delle speranze disattese", si lamentava nel 1938.

Einstein continuò a limare le sue idee su una teoria unificata e allo stesso tempo provava a risolvere quelli che percepiva come i problemi nella sua teoria generale della relatività, per esempio la previsione dei buchi neri. Una delle conseguenze spiacevoli della sua ricerca di una unificazione fu che in una certa misura si isolò dal resto della comunità scientifica. Erano tanti i fisici a ritenere che negli ultimi venti anni della sua vita Einstein non contribuì in maniera significativa alla ricerca. In particolare, l'avversione di Einstein nei confronti della meccanica quantistica potrebbe avergli precluso alcuni promettenti filoni di ricerca. In larga misura la sua opinione che la meccanica quantistica fosse viziata da lacune lo spinse alla ricerca dell'unificazione. Credeva ciecamente in un universo che esiste indipendentemente e non, come voleva la meccanica quantistica, in uno che prende forma solo nel momento in cui è osservato. Chiese: "Davvero credi che la Luna non c'è se non la stai osservando?".

Einstein era cosciente di questo difetto nei suoi rapporti con la meccanica quantistica, commentando nel 1954:

> *Devo dare l'impressione di uno struzzo che tiene sempre la testa nella sabbia relativista per non dover affrontare gli spaventosi quanti.*

Verso la fine della sua vita, avendo forse capito che la sua ricerca non avrebbe dato frutti, scrisse:

> *Mi sono intrappolato all'interno di problemi scientifici irrisolvibili, tanto più che, in quanto uomo anziano, sono rimasto in disparte dalla società.*

Forse Einstein era semplicemente in anticipo sul suo tempo. A decine di anni dalla sua morte, la ricerca di una "teoria del tutto" rappresenta per molti fisici il Sacro Graal.

IL MODELLO STANDARD

Nel corso degli anni Sessanta e Settanta, i fisici particellari scoprirono che ci sono due elementi costitutivi di base della materia, le particelle fondamentali conosciute come quark e leptoni. I quark si possono sempre trovare all'interno di particelle più grandi, come i protoni e i neutroni. Essi non si trovano mai soli in natura, e sono sempre legati ad altri quark, tenuti insieme dall'interazione nucleare forte che di fatto agisce solo a distanze dell'ordine delle dimensioni del nucleo atomico. I leptoni, che includono gli elettroni, non sono influenzati dalla interazione forte. Tuttavia, sia i quark che i leptoni sono influenzati dall'interazione nucleare debole, che è responsabile di certi tipi di radioattività. L'interazione forte è più grande della forza elettromagnetica su distanze più brevi di un atomo. La gravità è la più debole delle quattro interazioni fondamentali, ma agisce su distanze infinite. L'interazione elettromagnetica è molto più grande della gravità e ha una portata infinita.

Nel 1968 Sheldon Glashow, Steven Weinberg e Abdus Salam annunciarono una teoria unificata dell'elettromagnetismo e dell'interazione nucleare debole. La loro teoria elettrodebole, com'era chiamata, sosteneva che l'interazione debole fosse trasportata da particelle chiamate "bosoni W e Z" (particelle di scambio, in quanto trasmettono l'interazione tra le particelle interessate). Queste furono scoperte in seguito, negli anni Ottanta.

Oggi i fisici credono che nell'universo primitivo, poco dopo il Big Bang, l'interazione nucleare debole e forte, e

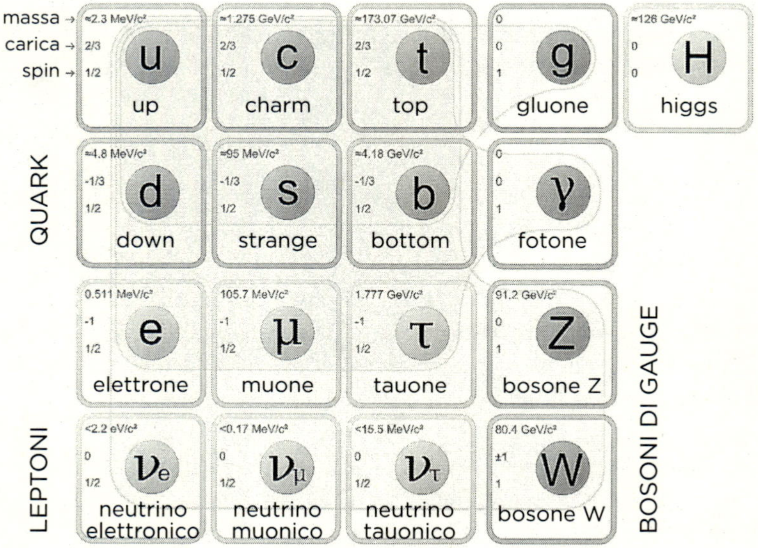

Il Modello Standard delle particelle elementari.

quella elettromagnetica, fossero unificate. Ognuna di queste tre interazioni fondamentali origina dallo scambio di particelle di scambio come i bosoni W e Z. A ogni interazione fondamentale corrisponde un bosone: l'interazione forte è trasportata dal gluone e l'interazione elettromagnetica è trasportata dal fotone che, in questo contesto, è la particella di scambio dell'interazione elettromagnetica. Il Modello Standard della fisica delle particelle, come è chiamato, fu sviluppato all'inizio degli anni Settanta e spiega come le interazioni elettromagnetiche, forte e debole, insieme alle loro particelle di scambio associate, agiscano su tutte le particelle di materia. È un modello che funziona bene, ma ha i suoi difetti. Non sembra ancora esserci il modo di incorporare la gravità alla meccanica quantistica, e la gravità non fa parte del Modello Standard. Nella dimensione alla quale agisce la fisica delle particelle, l'effetto della gravità è talmente debole da essere irrilevante, così la sua esclusione non ha alcun effetto sulle previsioni del Modello Standard.

LA TEORIA DELLE STRINGHE

Al momento una delle più promettenti candidate a essere una teoria del tutto è la teoria delle stringhe. Non solo offre una spiegazione della gravità su scala microscopica, ma si prefigge anche di fornire una descrizione unificata e coerente della struttura fondamentale dell'universo, unendo le quattro interazioni principali e le particelle fondamentali del Modello Standard.

Nel dicembre 1984 John Schwarz, dell'Istituto di Tecnologia di Pasadena in California, e Michael Green, del Queen Mary College, London University, pubblicarono un articolo dimostrando che la teoria delle stringhe poteva costruire un ponte sul baratro matematico che separa la relatività generale e la meccanica quantistica.

Al centro della teoria delle stringhe vi è l'idea che tutte le diverse particelle fondamentali non sono altro che diverse manifestazioni di un semplice oggetto: una stringa. Dall'inizio del XIX secolo le particelle fondamentali della natura, come elettroni, quark e neutrini, sono state descritte come esempi di oggetti-che-più-piccoli-di-così-è-impossibile, privi di struttura interna. La teoria delle stringhe mette in discussione questa idea. Essa ipotizza che al centro di ogni particella ci sia un minuscolo, vibrante filamento che somiglia a una stringa. La differenza tra una particella e un'altra (la loro massa, le cariche e altre proprietà) dipendono tutte dalle vibrazioni delle loro stringhe interne. Come un violinista virtuoso che esegue una melodia, la natura manifesta tutte le particelle del regno atomico per mezzo di cambi nella frequenza di una stringa subatomica monodimensionale.

Una delle "note" sulla stringa, vale la pena sottolineare, corrisponde al gravitone: una particella ipotetica che, secondo la fisica quantistica, dovrebbe portare l'interazione di gravità da un luogo a un altro, proprio come fa il fotone per l'interazione elettromagnetica. Questa sembrava la strada per unificare gravità e meccanica quantistica.

Ma si può dire che le stringhe sono "reali"? Potremmo per esempio andarle a cercare nel grande collisore di adroni al CERN? Purtroppo non è possibile. La matematica della teoria delle stringhe vuole che le stringhe siano circa un milione di miliardi più piccole di tutto quello che i più potenti acceleratori di particelle del mondo hanno scoperto. A meno che, come dice il fisico Brian Green, non si riesca a costruire "un acceleratore delle dimensioni della galassia", non c'è speranza di rilevare direttamente le stringhe. Un ulteriore inconveniente della teoria delle stringhe è che le sue equazioni necessitano, per funzionare, che l'universo abbia delle ulteriori dimensioni spaziali. I teorici delle stringhe ripresero l'idea dapprima sviluppata da Kaluza e Klein nei primi anni del XX secolo, quando provavano a collegare la gravità di Einstein con l'elettromagnetismo. Forse, suggerirono, l'universo ha le tre grandi dimensioni che conosciamo e nelle quali ci muoviamo, ma potrebbero anche esserci altre minuscole dimensioni inviluppate in quelle "normali" e che non siamo in grado di rilevare.

Un gruppo di teorici suggerì che, poiché le stringhe sono così piccole, vibreranno non solo nelle "grandi" dimensioni ma anche in quelle minuscole. La loro audace ipotesi era che poiché sono le vibrazioni a determinare le proprietà delle particelle fondamentali, che siamo in grado di rilevare in via sperimentale, e le vibrazioni sono determinate dalla forma delle dimensioni extra, ci potrebbe essere un modo di andare a ritroso fino a una mappa delle dimensioni misteriose.

Purtroppo, la stima del numero di forme matematicamente ammissibili per le dimensioni extra era di miliardi. Il teorico Leonard Susskind pensò che se non c'era una sola forma giusta, allora forse tutte lo erano. Forse tutte le forme erano giuste all'interno del loro particolare universo. Il nostro universo sarebbe solamente un singolo partecipante di una vasta, forse infinita, assemblea di universi, ognuno di questi con caratteristiche derivate dalla forma delle sue extra dimensioni. Le dimensioni extra nascoste del "nostro" universo permettono le leggi della fisica alle quali dobbiamo l'esistenza delle stelle e delle galassie, gli elementi chimici, la vita stessa. In altre configurazioni dimensionali si applicherebbero altre leggi e l'universo sarebbe un luogo molto diverso, probabilmente privo di vita.

COS'È LA GRAVITÀ?

Oggi i teorici credono che ci siano due descrizioni della gravità, ugualmente valide. La prima dice che la gravità è il risultato della curvatura dello spazio-tempo determinato dalla materia al suo interno. La seconda dice che la gravità è una interazione causata dallo scambio di gravitoni. Grazie a Einstein e alla teoria generale, i fisici hanno una possibile interpretazione teorica per la gravità che include il campo gravitazionale e le forze gravitazionali come una curvatura dello spazio-tempo. Al momento, però, non c'è una teoria quantistica della gravità che includa i gravitoni che sia stata anche provata in laboratorio. La teoria delle stringhe suggerisce che i gravitoni potrebbero esistere ma, fino a ora, manca una prova sperimentale.

Queste idee vertiginose riflettono nuovi sviluppi in cosmologia che indicherebbero che il Big Bang potrebbe non essere stato un unico evento. Invece, così dice la teoria, ci sarebbero stati infiniti Bang che hanno originato un numero infinito di universi in espansione, denominati multiverso. Se Susskind ha ragione, allora forse ogni multiverso ha in dotazione la sua particolare serie di dimensioni extra.

Ci può essere qualcosa di vero in tutto questo? In teoria sì, però non c'è modo di saperlo con certezza. Ma la storia della scienza dimostra che non bisogna scartare delle idee solo perché contraddicono quello che suggerisce il nostro buon senso. Con questo tipo di atteggiamento non avremmo accolto la fisica quantistica, né Einstein e le sue teorie della relatività.

Che cosa ne avrebbe pensato Einstein? Avrebbe accettato la matematica della teoria delle stringhe o ci avrebbe trovato qualche difetto, rigettandola come fece con la meccanica quantistica? L'uomo che diceva che "Dio non gioca a dadi" avrebbe potuto accettare la nozione di un'infinità di universi, ciascuno con caratteristiche particolari, determinate dal tiro del dado cosmico? Non lo sapremo mai, ma è probabile che la sua opinione al riguardo sarebbe stata completamente originale.

In uno scritto del 1953, Einstein del resto scrisse:

Ogni individuo [...] deve conservare il proprio modo di pensare se non vuole perdersi nel labirinto delle possibilità. Però nessuno è sicuro di aver imboccato la strada giusta, tantomeno io.

Referenze fotografiche:

© Arcturus Publishing: 47, 88.
© Biswarup Ganguly: 168.
© Cmglee: 169, 176.
© Hubble/ESA: 138, 140, 142.
© Jeff Dahl: 204.
© NASA: 155.
© NASA / WMAP Science Team / Wikimedia Commons: 161, 165.
© Science Photo Library / AGF: 80, 124, 161, 163, 179, 200.
© Shutterstock: 22, 26, 53, 56, 57, 65, 71, 107, 113, 151, 152, 210.
© Wellcome Images: 19, 29.
www.stock.adobe.com: © doethion 60; © Archivist 130; © Peter Jurik 194.

Nella stessa collana:

PENSA COME LEONARDO
Sviluppa il tuo potenziale ispirandoti
al più grande genio della storia

PENSA DA FILOSOFO
Comprendere i grandi temi dell'etica
e della logica nella vita quotidiana

PENSA DA MATEMATICO
Comprendere numeri, forme e modelli
a partire dalla vita quotidiana

PENSA DA SCIENZIATO
Comprendere le leggi naturali a partire
dalla vita quotidiana

Robert Snedden lavora nell'editoria da oltre trenta anni. Sempre curioso di imparare cose nuove, nei suoi libri cerca di trasmettere la sua passione per la scienza, pari forse solo a quella per le tradizioni scozzesi.
Si è occupato così dei temi più svariati, che ha declinato sia per lettori adulti sia per ragazzi: esplorazioni spaziali, evoluzionismo, ingegneria, tecnologia delle civiltà antiche, ma anche etica medica e farmacogenetica.

Made in United States
North Haven, CT
10 November 2026

22100375R00132